# 出版序
::: FOREWORD :::

　　時代轉變，不甘待在原生國家，想出外闖蕩的遊子增多，但也在物價上漲的現代，讓年輕一代有了「青貧族」、「小資族」等稱號，而在低薪時代，要怎麼做財務規劃，讓自己能吃得飽、睡得好、穿得暖，又能存到錢？這也是《外宿族生活提案》出版的原因之一。

　　而在某天，社長發現公司主管也是一人在外生活多年，更發現她會分享自己在外住的經驗給新鮮人，社長就期待主管將她的經驗分享給更多外宿族知道，所以請她規劃了整系列架構，期望她以過來人的經驗，用輕鬆的口吻，讓更多人知道在外租屋過生活的「眉角」，就像是擔任外宿族的人生導師般，在你需要的時候，能從書中得到些幫助。

　　也因為「民以食為天」，所以我們先以食譜為首要的主題，並將食譜簡化，運用少少的調味料、基本的食材，就能吃得安心、吃得健康，讓在外的外宿族能營養均衡，而不會因為努力賺錢而忽略了身體的健康。

　　我們更想讓外宿族知道，其實「做菜不難，難在踏出相信自己可以的那一步」，只要用電鍋，就能輕鬆做出粥、飯、菜等料理；只要在假日做好食材分裝，平日在烹調時，只須將食材丟入電鍋中，等待電源鍵跳起，就能開心食用。

　　未來，當食譜主題變難，我們將會再進一步將常見食譜，轉換成烹調簡易版本，讓想吃大菜的外宿族，能輕鬆做出更好吃的料理。

# 作者序

::: PREFACE :::

回想起離開家的那年，好像是一種「義無反顧」的感覺，但也是種逃離吧。在華人家庭重男輕女的觀念很重，讓我長時間在被否定的環境中生長，不過可能因為我天生樂觀，總是抱持著「不管怎麼，總是會有變好的一天」的想法，讓我始終無法離開深愛的家人，直到 17 歲那年。

有可能是對於自我的覺醒，也有可能是不想再陷入被否定的惡性循環中吧，這讓我覺得我必須離開原生家庭，雖然家人對我的離開嗤之以鼻，但我也在離開後，證明自己的價值，並不是他們口中的一文不值。但也因為離開家外宿，讓我漸漸發現，外宿能培養獨立感、增加個人時間，可以在工作上下更多的心力，學習更多想學的事物，或許，這也是我後來一直選擇外宿的原因吧！

而在選擇當外宿一族後，我的第一個煩惱就是「吃」，在每天都吃外食的狀況下，讓我的身體亮起了紅燈，除了每天都覺得很疲倦、臉色蒼白外，健康檢查報告也顯示出營養攝取不均衡，這讓我決心開始自己在家中料理三餐，而在當時，我的選擇的第一種料理器具，就是電鍋。

選擇電鍋除了因為它功能性強，可以煎、煮、炒、炸外，安全性相對強，它在外鍋沒水時，會直接斷電，這對沒有煮菜經驗的新手來說，是一個蠻好入門的選項，想吃什麼、就煮什麼，這對有選擇困難症的我，也一大福音，只要將食材分配好要烹煮的份量，就能在肚子餓的時候吃到熱騰騰的飯菜、在寒冷的冬天吃到一碗好入喉的粥，這讓長久居住在外的我，總會在這環節想到「家」，說是思鄉投射或許有點太浮誇，但看著家家戶戶常備的電鍋，總讓我想起家鄉，或許這也是外宿族最需要的吧！畢竟，我們最常和自己相處。

所以我期望這本《外宿族的生活提案》，能伴著你／妳找到心目中家鄉的味道，也期望你能藉由電鍋「粥」入門，再變換出各種菜餚，達到營養均衡的目標！

檸檬

# 作者序
::: PREFACE :::

　　「我想賺大錢！」哈哈，這是我離開南部，來到北部的原因。因為我從小在單親家庭，看著媽媽辛苦賺錢把我養大，看著她在公司和家中來回奔波的背影，總讓我覺得不忍心，所以我想說來到台北，感覺可以賺多一點錢，然後讓媽媽不要這麼辛苦。

　　不過來到北部我才發現，物價高、房租也高，要把自己養活真的很難，所以一開始我只能一碗泡麵當兩餐吃，一塊麵包分三餐吃，只想多存一點錢。直到我在一場活動中認識檬檬姐，她告訴我，其實，只要自己煮，可以用同樣的支出，吃到相對營養均衡的三餐，當然，一開始我不太相信，覺得怎麼可能，後來檬檬姐實驗給我看後，我才真正相信。

　　在買入第一個電鍋，開始「自炊」生活後，發現操作起來還蠻簡單的，因為小時候，媽媽只教將電鍋的電源「往下扳」，當電源跳起來後，就可以吃飯了，我根本不知道電鍋能做簡單的料理，所以當檬檬姐端出一碗粥、一盤菜、一個蒸蛋的時候，我就覺得，天阿！原來電鍋這麼厲害，而這也是我這次作為助手在旁協助的原因。

　　我想讓跟我有一樣情況的人，能在肚子餓的時候，吃到熱熱的而且是新鮮的飯菜，不要是便利商店的微波飯菜，或是只有澱粉的麵包，期望這本《外宿族的生活提案》，能讓外宿的你，也能輕鬆煮出一碗「粥」料理，暖和你的胃！

                                                            晗晗

# 目錄
## CONTENTS

001　出版序
002　作者序

| chapter 01 | 電鍋入門 |
Introductory of Rice cooker

012　**電鍋介紹**
014　**食材與工具**
　　014　食材
　　018　調味料
　　019　工具

020　**洗米**
022　**煮飯**
　　022　台式稀飯
　　024　廣式粥品
　　027　分裝及保存

028　**川燙**
　　028　瓦斯爐
　　029　電鍋

## 030 食材處理及刀工

030 肉類
　030 豬肉片
　030 雞肉絲
　031 雞腿肉

031 海鮮類
　031 鱈魚
　031 虱目魚
　032 花枝

032 根莖類
　032 地瓜
　　032 削皮
　　032 切片
　　032 刨絲 I
　　033 刨絲 II
　　033 切絲
　033 紅蘿蔔
　　033 削皮
　　033 切片
　　034 切丁
　　034 切絲
　034 洋蔥
　　034 剝皮
　　035 切絲
　035 竹筍
　　035 剝皮
　　035 切片
　036 蔥
　　036 切末

036 葉菜類
　036 芹菜
　　036 切末
　036 香菜
　　036 切末
　037 高麗菜
　　037 去心
　　037 切絲
　037 小白菜
　　037 切段
　037 娃娃菜
　　037 切段
　038 地瓜葉
　　038 除根蒂

038 瓜果類
　038 絲瓜
　　038 去皮
　　038 切塊
　039 南瓜
　　039 去皮
　　039 滾刀

039 蕈菇類
　039 香菇
　　039 切片
　　039 切絲
　040 乾香菇
　　040 切絲
　040 金針菇
　　040 切段

040 木耳
　　040 切絲

041 蛋類
　041 皮蛋
　　041 切法
　041 鹹蛋
　　041 切法

042 其他類
　042 筍乾
　　042 切條
　042 綠花菜
　　042 花梗分開切
　043 玉米筍
　　043 切片
　043 四季豆
　　043 摘蒂頭
　　043 切片
　043 菜脯
　　043 切小丁
　044 豆皮
　　044 切條
　　044 切絲
　044 海帶
　　044 切絲
　　044 切末
　045 貢丸
　　045 切塊
　045 蟹肉棒
　　045 切塊
　　045 剝絲

chapter
02 / 台式稀飯
Taiwanese congee

048 芹菜玉米筍瘦肉粥
　　051 南瓜蘿蔔瘦肉粥
　　　　雙菇瘦肉粥
　　　　辣筍絲杏鮑菇瘦肉粥
　　　　玉米馬鈴薯瘦肉粥

052 小白菜鴻喜菇瘦肉粥
　　055 金針菇芋頭瘦肉粥
　　　　海帶南瓜瘦肉粥
　　　　四季豆木耳瘦肉粥
　　　　菜脯蘿蔔瘦肉粥

056 香菜豆干豬肉粥
　　059 薏仁小米豬肉粥
　　　　雪白菇地瓜豬肉粥
　　　　豆苗山藥豬肉粥
　　　　木耳玉米筍豬肉粥

060 海帶金針菇豬肉粥
　　063 山藥小米豬肉粥
　　　　高麗菜紅蘿蔔豬肉粥
　　　　豆芽芋頭豬肉粥
　　　　蝦米蘿蔔豬肉粥

064 小白菜玉米筍肉片粥
　　067 綠豆小米肉片粥
　　　　茼蒿馬鈴薯肉片粥
　　　　香菇山藥肉片粥
　　　　蝦米蘿蔔肉片粥

068 薏仁馬鈴薯肉片粥
　　071 蝦米芋頭肉片粥
　　　　高麗菜魩仔魚肉片粥
　　　　香菇小魚乾肉片粥
　　　　木耳玉米筍肉片粥

072 金針菇芋頭肉片粥
　　075 海帶豆干肉片粥
　　　　南瓜山藥肉片粥
　　　　地瓜薏仁肉片粥
　　　　四季豆金針菇肉片粥

076 四季豆芋頭肉片粥
　　079 海帶豆皮肉片粥
　　　　絲瓜山藥肉片粥
　　　　綠豆白蘿蔔肉片粥
　　　　木耳芋頭肉片粥

080 地瓜葉南瓜雞肉粥
　　083 海帶紅蘿蔔雞肉粥
　　　　豆皮杏鮑菇雞肉粥
　　　　薏仁紅蘿蔔雞肉粥
　　　　竹筍馬鈴薯雞肉粥

084 小魚乾馬鈴薯粥
　　087 海帶小魚乾粥
　　　　豆干小魚乾粥
　　　　小白菜鴻喜菇小魚乾粥
　　　　山藥薏仁小魚乾粥

088　小白菜魩仔魚粥
　091　馬鈴薯魩仔魚粥
　　　金針菇魩仔魚粥
　　　香菇竹筍魩仔魚粥
　　　菜脯豆皮魩仔魚粥

092　絲瓜蝦仁粥
　095　鴻喜菇芋頭蝦仁粥
　　　小白菜馬鈴薯蝦仁粥
　　　木耳豆皮蝦仁粥
　　　四季豆蘿蔔蝦仁粥

096　絲瓜蝦米紅蘿蔔粥
　099　絲瓜鴻喜菇芋頭粥
　　　絲瓜海帶薏仁粥
　　　香菇絲瓜山藥粥
　　　絲瓜綠豆蘿蔔粥

100　蔥花馬鈴薯粥
　103　木耳芋頭粥
　　　海帶蘿蔔粥
　　　香菇南瓜粥
　　　金針菇薏仁粥

104　滑蛋香菇薏仁粥
　107　滑蛋木耳馬鈴薯粥
　　　滑蛋蝦米玉米筍粥
　　　滑蛋四季豆芋頭粥
　　　滑蛋鴻喜菇綠豆粥

108　金針菇筍乾粥
　111　馬鈴薯筍乾粥
　　　豆皮筍乾粥
　　　四季豆筍乾粥
　　　蘿蔔筍乾粥

112　海帶香菇豆腐粥
　115　木耳豆腐粥
　　　香菇豆腐粥
　　　四季豆豆腐粥
　　　蘿蔔豆腐粥

116　蝦米蘿蔔南瓜粥
　119　金針菇南瓜粥
　　　蝦米高麗菜南瓜粥
　　　山藥南瓜粥
　　　杏鮑菇南瓜粥

120　豆干馬鈴薯粥
　123　香菇豆干粥
　　　菜脯豆干粥
　　　豆干芋頭粥
　　　海帶豆干粥

124　菜脯高麗菜粥
　127　菜脯馬鈴薯粥
　　　菜脯金針菇粥
　　　菜脯四季豆粥
　　　菜脯玉米筍粥

# chapter 03 / 廣式粥品
## Cantonese congee

130 金針菇紅蘿蔔瘦肉粥
　　133 玉米筍瘦肉粥
　　　　娃娃菜瘦肉粥
　　　　海帶山藥瘦肉粥
　　　　豆皮鴻喜菇瘦肉粥

134 高麗菜蝦米瘦肉粥
　　137 木耳薏仁瘦肉粥
　　　　金針菜南瓜瘦肉粥
　　　　香菇玉米瘦肉粥
　　　　南瓜小米瘦肉粥

138 滑蛋蘿蔔肉片粥
　　141 鴻喜菇南瓜肉片粥
　　　　地瓜葉山藥肉片粥
　　　　海帶豆皮肉片粥
　　　　綠花菜花枝丸肉片粥

142 娃娃菜鴻喜菇豬肉片粥
　　145 海帶蟹肉棒肉片粥
　　　　蝦米豆皮肉片粥
　　　　竹筍薏仁肉片粥
　　　　綠花菜花枝丸肉片粥

146 南瓜薏仁豬肉粥
　　149 海帶芋頭豬肉粥
　　　　香菇豆皮豬肉粥
　　　　芹菜馬鈴薯豬肉粥
　　　　綠豆白蘿蔔肉片粥

150 滑蛋竹筍木耳雞肉粥
　　153 滑蛋豆苗山藥粥
　　　　滑蛋蝦米高麗菜粥
　　　　滑蛋玉米豆皮粥
　　　　滑蛋菜脯豆干粥

154 絲瓜蟹肉棒花枝丸粥
　　157 玉米筍蟹肉棒粥
　　　　蝦米白蘿蔔蟹肉棒粥
　　　　芋頭蟹肉棒粥
　　　　薏仁蟹肉棒粥

158 高麗菜香菇粥
　　161 木耳豆芽粥
　　　　蝦米蘿蔔粥
　　　　金針菇蟹肉棒粥
　　　　地瓜綠豆粥

162 鴻喜菇地瓜粥
　　165 筍乾馬鈴薯粥
　　　　海帶鴻喜菇粥
　　　　玉米筍花枝丸粥
　　　　豆皮薏仁粥

166 皮蛋金針菇南瓜粥
　　169 皮蛋玉米筍蘿蔔粥
　　　　皮蛋蝦米豆苗粥
　　　　皮蛋娃娃菜蘿蔔粥
　　　　皮蛋綠豆竹筍粥

170　豆皮玉米筍粥

173　菜脯貢丸粥

　　海帶南瓜粥

　　木耳金針菇薏仁粥

　　香菇豆干粥

174　蝦米高麗菜粥

177　南瓜豆腐粥

　　鴻喜菇山藥粥

　　蝦米杏鮑菇薏仁粥

　　魩仔魚豆皮粥

chapter
04 ／ 配菜
Side Dish

180　小白菜

183　地瓜葉

　　茼蒿

　　高麗菜

　　豆苗

184　紅蘿蔔綠花菜

187　青豆白花菜

　　海帶馬鈴薯

　　木耳絲瓜

　　金針菇筍乾

188　蛤蜊高麗菜

191　香菇四季豆

　　娃娃菜花枝丸

　　豆干竹筍

　　豆皮蘿蔔

192　蝦米鹹蛋芹菜

196　豆苗花枝丸

200　綠花菜杏鮑菇

203　香菇豆干

　　小魚乾地瓜葉

　　芹菜馬鈴薯

　　香菇玉米筍

204　蟹肉棒豆腐蒸蛋

# 電鍋入門

入門不難，
難在我們沒踏出那步。

# 電鍋介紹

電鍋是外宿族必備小家電，電鍋結構簡單，只有一個開關，加熱時間視加入外鍋的水而定，外鍋水蒸乾後，開關自動跳起，使用安全、簡單。

目前市售電鍋有些有電源鍵，不使用時無需拔下插頭，使用時更為方便。

市售的電鍋品牌很多，機型大同小異，以下幾個建議提供您購買時參考。

| 份量 | 依單次烹煮依容量需求挑選，若有炒菜需求，可挑選稍大的鍋子。 |
| --- | --- |
| 品牌 | 電鍋品牌很多，可依個人喜好選擇。 |
| 價格 | 一般價格在 1000 元至 7000 元間。 |
| 材質 | 目前市售電鍋多以 304 不鏽鋼材質製造。（註：電鍋材質所使用的不鏽鋼有分 304 不鏽鋼與 316 不鏽鋼兩種，兩者主要的差異是 316 的耐腐蝕性更強，但價格也較高。） |
| 電源鍵 | 目前市售電鍋中有電源鍵及無電源鍵。有電源鍵者可以直接關掉電鍋電源，無電源鍵者需拔掉插頭才能斷電，否則會一直處於保溫模式。 |
| 電源線 | 可拆式或不可拆式。可拆式電源線清洗時較為方便。 |

電源鍵：按下即為開啟電源與保溫，關閉即為斷電。

開關鍵：按下即為加熱模式，跳起即為保溫模式。

電源線：不可拆式。

◆ 電鍋採買需求表

| 項目 | 選擇 | 說明 |
|---|---|---|
| 份量 | 小於 5 人份 | 1. 可依照使用者單次蒸煮份量的需求來決定購買的電鍋大小。<br>2. 若有煎炒需求，可挑選比單次蒸煮份量多 1 至 2 人份容量的電鍋，較方便煎炒。 |
| | 5 人至 10 人份 | |
| | 大於 10 人份 | |
| 價格 | 小於 5 人份的電鍋價格約介於 800 元到 3000 元之間。 | 電鍋價格會因品牌不同而有所差異。 |
| | 5 人至 10 人份的電鍋價格約介於 2000 元到 5000 元之間。 | |
| | 大於 10 人份的電鍋價格約介於 2000 元到 7000 元之間。 | |
| 功能 | 加熱、保溫 | 大部分電鍋都具有加熱與保溫功能，可應用於蒸、煮、燉、滷、炒等烹調方式。 |
| 配件 | 全配 | 1. 全配的意思是附贈所有配件；簡配的意思是只附贈部分配件。<br>2. 市面上常見的電鍋配件有：① 計量杯、② 飯匙、③ 接地線、④ 內鍋、⑤ 內鍋蓋、⑥ 蒸盤等。（實際附贈配件會依品牌或商品型號不同而有所差異。） |
| | 簡配 | |
| 外鍋材質 | 鋁鍋 | 導熱較快，清洗較不易。 |
| | 不鏽鋼鍋 | 導熱較慢，清洗較容易。 |
| 其他 | 是否有電源鍵 | 有電源鍵就能藉由按鍵來開關電源，使用上較方便；若沒有電源鍵則需藉由插上或拔掉插頭來開關電器，使用上較麻煩。 |
| | 電源線是否可拆 | 若電源線損壞，可拆式的電源線會比不拆式的電源線還要方便維修。 |

# 食材與工具

◆ 食材

米

肉類

豬肉絲

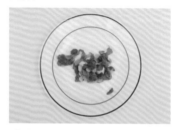

① 豬肉片、② 豬絞肉

海鮮類

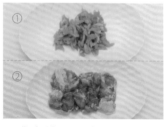

① 雞肉絲、② 雞腿肉

虱目魚

鱈魚

蝦仁

蛤蜊

花枝

## 根莖類

蔥

薑

蒜頭

紅蘿蔔

白蘿蔔

竹筍

洋蔥

馬鈴薯

芋頭

## 葉菜類

地瓜

芹菜

香菜

小白菜

高麗菜

娃娃菜

## 瓜果類

地瓜葉

南瓜

絲瓜

## 蕈菇類

金針菇

鴻喜菇

香菇

## 其他類

木耳

杏鮑菇

綠花菜

金針菜

四季豆

綠豆

薏仁

玉米筍

火腿與三色豆

筍乾

乾香菇

蛋

皮蛋

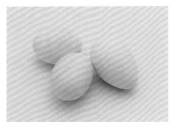

鹹蛋

花枝丸

貢丸

海苔

海帶

小魚乾

蝦米

魩仔魚

蟹肉棒

豆皮

豆干

豆腐

菜脯

◆ 調味料

鹽

紅蔥酥

白胡椒粉

海鮮湯塊

蛤蜊湯塊

香菇湯塊

鮮味炒手

鮮雞精

香鬆

油

醬油膏

## ◆工具

| | | |
|---|---|---|
| 菜刀 | 切菜板 | 削皮器 |
| 刨絲器 | 濾網 | 飯勺 |
| 大湯匙 | 隔熱夾 | 量匙 |
| 量杯 | 秤 | 洗米盆 |
| 內鍋 | 保鮮袋 | |

電鍋入門

# 洗米

## 食材 INGREDIENT

| 米 | 2 量杯 |

## 食材處理 PROCESS

米：一次可煮兩杯米，兩杯
　　米約 4 碗飯。

米需吸飽水分，煮出來會比較
好吃，所以洗完米，需讓米靜
置於水中約 20 ～ 30 分鐘。

## 作 法 METHOD

01

將兩杯米放入洗米盆中。

02

加入水。

03 將手放入洗米盆中。

04 以畫圈方式攪動米。

05 持續在洗米盆中以畫圈方式攪動米。

06 水變混濁時,將洗米水倒入水槽中,一手置於洗米盆緣,讓水自手中流過,避免米隨水流入水槽中。

07 米粒隨水流下時,以手接住米粒。

08 再加入清水。

09 重複沖洗 2 ~ 3 次。

10 洗完的米會吸滿水,呈白色。

11 將米靜置於水中約 20 ~ 30 分鐘,再烹煮。

RICE COOKER

4

電鍋入門

# 煮飯

## 台式稀飯

### 食材 INGREDIENT

米 ————————— 2 量杯

### 水 WATER

水量／內鍋 450ml（3 杯），外
鍋 300ml（2 杯）：台式稀飯的
米粒需粒粒分明，無需煮過軟
爛。米：水比約 2：3。

### 作法 METHOD

01

在洗好的米中加入 450ml（3
杯）的水。

02

水量需淹過米，高出掌心
平放。

03

外鍋加入 300ml（2 杯）的水。

將裝米的內鍋放進電鍋中。

蓋上內鍋蓋。

再蓋上外鍋蓋。

鍋蓋蓋緊。

按下電鍋開關。

即開始煮飯。

開關跳起，即飯已煮好。

將外鍋蓋掀開。

再掀開內鍋蓋。

飯已經煮熟。

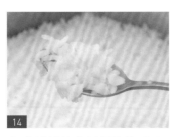
台式稀飯的米飯需粒粒分明。

每顆米飯都飽滿，且口感軟硬適中。

# 廣式粥品

## 食材 INGREDIENT

米 ........................ 2 量杯

## 水 WATER

水量／內鍋 600ml（4 杯，分兩
次加入），外鍋 450ml（3 杯，分
兩次加入）：廣式粥品的米飯口
感軟爛，且入口即化。米：水
比約 1：2。

## 作法 METHOD

01

在洗好的米中加入 300ml（2
杯）的水。

02

水量需淹過米，高出掌心
平放。

03

外鍋加入 300ml（2 杯）的水。

04

將裝米的內鍋放進電鍋中。

05

蓋上內鍋蓋。

06

再蓋上外鍋蓋。

07

鍋蓋蓋緊。

08

按下電鍋開關。

09

即開始煮飯。

10

開關跳起,即飯已煮好。

11

將外鍋蓋掀開。

12

再掀開內鍋蓋。

13

飯已經煮熟。

14

內鍋再加300ml(2杯)的水。

15

用飯勺攪拌。

將水和飯攪拌均勻。

外鍋再加入 150ml（1 杯）的水。

蓋上內鍋鍋蓋。

蓋上外鍋鍋蓋。

按下電鍋開關。

電鍋開關跳起時，飯即煮好。

飯較軟爛、黏稠，入口即化。

 小 撇 步

廣式粥品米飯水分較少，且米飯口感軟爛，入口即化。

# 分裝及保存

## 作 法 METHOD

01

打開鍋蓋，飯煮好。

02

煮完飯後，可以冷水將飯冷卻。

03

冷卻後，可以塑膠袋將飯分裝。

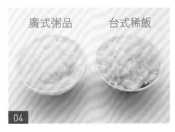

廣式粥品　　台式稀飯

04

台式稀飯與廣式粥品的濕度與稠度不同。

**小撇步**

2杯米可煮4碗飯，可將多的飯以塑膠袋分裝，放進冷凍庫保存。

# 川燙

可以瓦斯爐或電鍋將不易熟的食材先川燙，如紅蘿蔔、馬鈴薯、地瓜、芋頭等根莖類蔬菜或綠豆、薏仁、小米等。川燙時，一次可川燙多一點，燙完，沖水冷卻後，依所需份量分裝，可置於冷凍庫保存。依食材不同，所需川燙的時間不同。

紅蘿蔔川燙方法如下：

## 瓦斯爐

**食材** INGREDIENT

紅蘿蔔絲

**作法** METHOD

01

以瓦斯爐將水煮滾，將紅蘿蔔絲置於濾網內，再放入熱水中川燙。

02

約煮 1 分鐘，將紅蘿蔔絲燙熟。

03

準備一鍋冷水。

04

將紅蘿蔔絲浸泡於冷水中降溫。

02

也可直接用冷水沖。

# 電鍋

## 食材 INGREDIENT

紅蘿蔔絲

## 水 WATER

水量／內鍋 300ml（2杯），外鍋
300ml（2杯）：川燙蔬菜時，外
鍋水勿過多，以防水滾後溢出或
噴濺。

## 作法 METHOD

電鍋外鍋、內鍋各加 300ml
的水，打開電鍋電源，內
鍋水滾後，將紅蘿蔔絲放
入內鍋的水中。

約燙 1 分鐘。

將紅蘿蔔絲燙熟即可。

準備一鍋冷水。

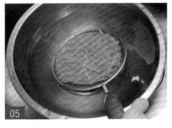

將紅蘿蔔絲浸泡於冷水中，
降溫。

也可直接用冷水沖。

# 食材處理及刀工

## 肉類

‖Tips‖ 肉類買回後可先分裝,每份約 30 ~ 40g,以塑膠袋、夾鏈袋包裝,或放入保鮮盒中,置於冷凍庫中。

◆ 豬肉片

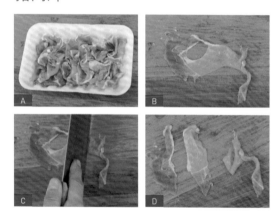

A 豬肉片。

B 將豬肉片攤開。

C 以菜刀切開成小片。

D 切成三段。

◆ 雞肉絲

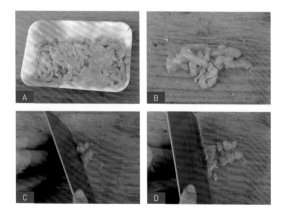

A 雞肉絲。

B 將雞肉絲攤開。

C 以菜刀切。

D 切成小丁。

## ◆ 雞腿肉

A　將雞腿肉攤開。

B　以菜刀切成長條。

C　切成約1公分寬的條狀。

# 海鮮類

‖ Tips ‖　海鮮類買回後可先分裝，每份約 30 ～ 40g，以塑膠袋、夾鏈袋包裝，或放入保鮮盒中，置於冷凍庫中。魚和花枝可先切好分裝後再冷凍。

## ◆ 鱈魚

A　以菜刀從中心切開。

B　從魚的邊緣切成小塊。

C　切成大小相等的魚塊。

## ◆ 虱目魚

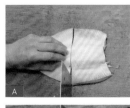 

A　以菜刀從中心將魚切成兩段。

B　取其中一段，將其切成約 2 公分長條狀。

C　再將長條狀轉換方向，從中間切開。

D　即為魚片。

## ◆ 花枝

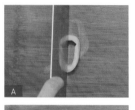 

A　以菜刀從中心切開。

B　將花枝切成兩段。

C　將兩段疊在一起切。

D　將花枝切成長條絲狀。

‖ Tips ‖ 花枝切成絲狀，煮粥時只需 30 秒燙熟即可。

# 根莖類

‖ Tips ‖ 根莖類洗淨、削皮後，先切好需要的大小，再分裝，每份約 30 ～ 40g，以塑膠袋、夾鏈袋包裝，或放入保鮮盒中，置於冷凍庫中。

## ◆ 地瓜

### 01／削皮

A　將地瓜洗淨，取削皮器準備削皮。

B　左手握住地瓜，右手拿削皮器，將皮削去。

C　順著地瓜的弧度往下削。

### 02／切片

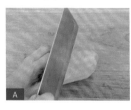  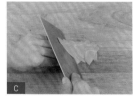

A　將地瓜對切。

B　對切面朝下，從地瓜的邊緣切下。

C　切成約 0.2 公分的片狀。

### 03／刨絲 I

A　以刨絲器尖端，孔洞較小的部分來刨絲。

B　右手將地瓜由上往下推。

C　地瓜絲從刨絲器的孔洞被刨出。

## O4／刨絲 II

A　以刨絲器靠近手把，孔較大的部分來刨絲。

B　左手握刨絲器，右手握地瓜。

C　右手將地瓜由上往下推。

D　地瓜絲從刨絲器的孔洞被刨出。

## O5／切絲

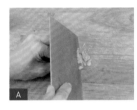

A　地瓜切片後，可將切片疊在一起，沿邊緣切絲。

B　切約 0.1 公分寬。

## ◆紅蘿蔔

### O1／削皮

A　將紅蘿蔔洗淨，取削皮器準備削皮。

B　左手握住紅蘿蔔，右手拿削皮器，將皮削去。

C　順著紅蘿蔔的弧度往下削。

### O2／切片

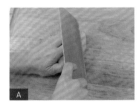
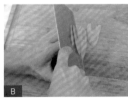

A　將紅蘿蔔以菜刀沿邊緣切下。

B　切成約 0.1 公分的片狀。

## O3／切丁

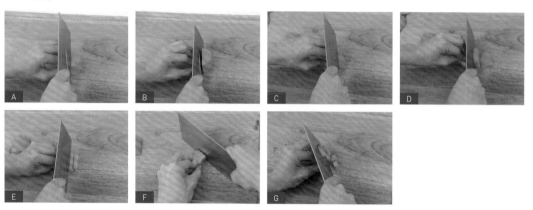

A　將紅蘿蔔切成長段後立起，取菜刀置於長段上。

B　以菜刀從長段中央切開。

C　將橫切面朝下，切成約 0.5 公分寬。

D　持續切成 0.5 公分寬的切片。

E　將切片切成 0.5 公分寬的長條。

F　將長條沿邊切下。

G　切成 0.5 公分寬的小丁

## O4／切絲

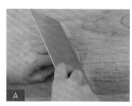
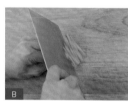

A　紅蘿蔔切片後，可將片疊在一起，沿邊緣切絲。

B　切約 0.2 公分寬。

## ◆ 洋蔥

### O1／剝皮

A　先將洋蔥的蒂頭切除。

B　再將洋蔥從中央切開。

C　將洋蔥外皮剝下。

‖Tips‖ 將洋蔥對切後，皮較容易剝開。

## O2／切絲

A 　將洋蔥橫切面朝下，沿邊緣切下。

B 　約切 0.2 公分寬的絲狀。

# ◆ 竹筍

## O1／剝皮

 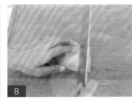  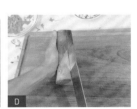

A 　將竹筍尖端切下。

B 　將竹筍根部切除。

C 　將菜刀刀尖置於竹筍邊緣。

D 　從上到下以菜刀將皮劃一條線。

E 　沿著切開的線，將皮剝開。

F 　一層一層將皮剝下。

G 　只留下內層白色竹筍。

## O2／切片

A 　將竹筍橫放，以菜刀沿邊緣切下。

B 　切成約 0.2 公分的片狀。（可依個人需求調整大小。）

C 　再將片狀疊起，從中央切開。

D 　將筍片橫放，再從中央切開。

## ◆ 蔥

切末

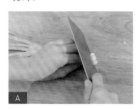 

A　將蔥尾端切除後，自尾端切起。

B　切成約 0.1 公分寬的細末。

# 葉菜類

‖Tips‖ 需以報紙包好，放置冰箱冷藏。因葉菜類不宜久放，需於一周內吃完。

## ◆ 芹菜

切末

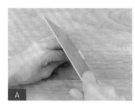 

A　將芹菜尾端切除後，自尾端切起。

B　切成約 0.1 公分寬的細末。

## ◆ 香菜

切末

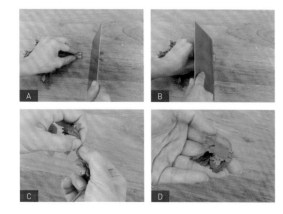

A　將香菜尾端切除。

B　自香菜尾端切起，將香菜的莖部切成約 0.1
公分寬的細末。

C　香菜葉片可以手指摘下。

D　香菜葉片摘下來完成。（註：葉片可放置於
粥上，增加色澤及香氣。）

## ◆ 高麗菜

### 01 ／ 去心

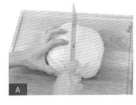  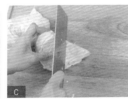

A 將高麗菜對切。

B 沿菜心的角度斜切,切成兩半。

C 將菜心切下。

### 02 ／ 切絲

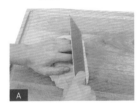 

A 沿高麗菜中心剖面邊緣切下。

B 切成約 0.2 公分的絲狀。

## ◆ 小白菜

### 切段

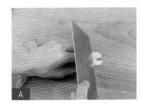  

A 先將小白菜尾端切除。

B 從尾端切起。

C 切成約 3 公分的長段。

## ◆ 娃娃菜

### 切段

A 先將娃娃菜尾端切除。

B 從尾端切起。

C 切成約 5 公分的長段。

## ◆ 地瓜葉

### 除根蒂

A　以手指掐住地瓜葉尾端。

B　將根蒂折段。

C　將根蒂摘除。

‖Tips‖ 地瓜葉摘除根蒂後，再用清水洗淨。


# 瓜果類

## ◆ 絲瓜

### 01／去皮

 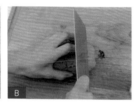

A　將絲瓜的蒂頭切除。

B　將絲瓜的尾端切除。

C　絲瓜可以削皮器去皮。

D　也可以菜刀去皮。


### 02／切塊

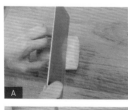 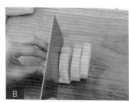

 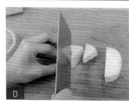

A　將去完皮的絲瓜沿邊緣切下。

B　切成約 2 公分的圓片。

C　再從圓片中央切開。

D　以圓心為中心切成三角塊狀。

## ◆ 南瓜

### 01／去皮

A  南瓜可以削皮器去皮。

B  也可以菜刀去皮。

### 02／滾刀

A  以菜刀從南瓜條尾端切起。

B  刀柄方向不動，旋轉南瓜角度，切出大小相同的塊狀。

‖ Tips ‖ 南瓜非直長條狀，故可以滾刀切法切出大小相同的塊狀。

# 蕈菇類

## ◆ 香菇

### 01／切片

A  將香菇頭切下。

B  從香菇邊緣切起。

C  切成約 0.2 公分的片狀。

‖ Tips ‖ 生香菇洗淨後即可使用，而乾香菇需泡水後才能使用。兩者的香氣及口感不同，可依個人喜好選擇。

### 02／切絲

A  將香菇片疊起。

B  沿香菇邊緣切起。

C  切成約 0.2 公分的絲狀。

## ◆ 乾香菇
### 切絲

A  乾香菇需先泡水。

B  沿香菇邊緣切起。

C  切成約 0.2 公分的絲狀。

## ◆ 金針菇
### 切段

A  先將金針菇尾端切除。

B  從尾端切起。

C  切成約 3 公分的長段。

## ◆ 木耳
### 切絲

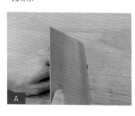 

A  沿木耳邊緣切起。

B  切成約 0.1 公分的絲狀。

# 蛋類

## ◆ 皮蛋
切法

A 將皮蛋敲破,剝掉蛋殼。

B 將皮蛋直向對切。

C 再將對半切成三等份

D 然後再對半切。

‖ Tips ‖ 皮蛋切小塊,煮粥時較易與粥融合,讓
粥的口感更滑順。

## ◆ 鹹蛋
切法

A 將蛋殼敲一道裂縫。

B 剝掉蛋殼。

C 將鹹蛋橫向對切。

D 沿對半的鹹蛋中心切成三角形小丁。

# 其他

## ◆筍乾

### 切條

A　從筍乾邊緣切起。

B　切成約 0.5 公分的條狀。

## ◆綠花菜

### 花梗分開切

A　將綠花菜的梗切下。

B　綠花菜花的部分，依花的形狀切開，大小可依個人喜好斟酌。

C　綠花菜部分切開完成。

D　用刀將花菜的梗修齊。

E　綠花菜梗的部分可以將外皮去除。

F　將綠花菜梗的四邊外皮去除，留下中間的菜心。

G　將菜心再切成薄片狀。

‖Tips‖ 白花菜也可以此法處理。

## ◆ 玉米筍

### 切片

A 從玉米筍尾端切起。

B 切成約 0.2 公分的片狀。


## ◆ 四季豆

### 01／摘蒂頭

A 以手指掐住四季豆
尾端。

B 將蒂頭折斷。

C 將蒂頭摘除。

‖Tips‖ 四季豆摘除根蒂後，再用清水洗淨。


### 02／切片

A 從四季豆尾端切起。

B 切約 0.2 公分的片狀。


## ◆ 菜脯

### 切小丁

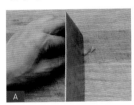 

A 從菜脯尾端切起。

B 切成約 1 公分的小丁。

‖Tips‖ 菜脯比較鹹，切小丁，比較不會太鹹。煮
粥時，可無需再加調味料。

## ◆ 豆皮

### 01／切條

A 豆皮需先泡水，泡軟後可使用。

B 從豆皮邊緣切起。

C 切成約 3 公分的條狀。

‖ Tips ‖ 豆皮泡水也可去油，若還是覺得太油，可以熱水燙過，去油後再使用。

### 02／切絲

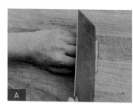 

A 從豆皮邊緣切起。

B 切成約 0.2 公分的絲狀。

## ◆ 海帶

### 01／切絲

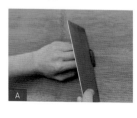 

A 沿海帶邊緣切起。

B 切成約 0.2 公分的絲狀。

### 02／切末

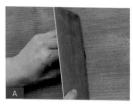 

A 沿海帶絲尾端切起。

B 切成約 0.2 公分的碎末狀。

## ◆ 貢丸

### 切塊

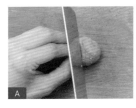 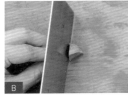

A 從貢丸中央切開。

B 再將切對半的貢丸切成小塊。

## ◆ 蟹肉棒

### 01／切塊

A 將蟹肉棒攤開。

B 以菜刀切成等寬的塊狀。

C 切成約2公分的塊狀。

### 02／剝絲

A 用手將蟹肉棒剝開。

B 其原本即是絲狀，因此很容易剝開。

C 剝開後，無需再以刀切。

## 基本刀工 QRcode

切片動態影片 QRcode　　切絲／切條動態影片 QRcode　　切末動態影片 QRcode

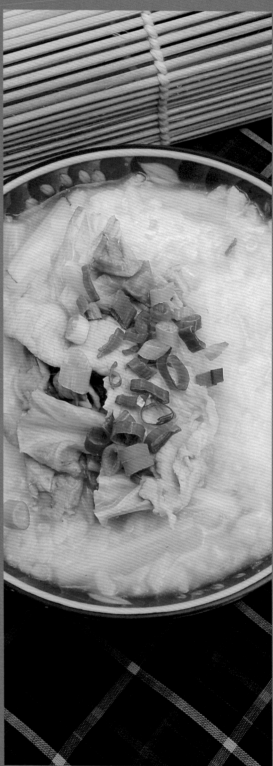

# 台式稀飯

用食材，
做出一碗碗溫暖人心的粥。

# 芹菜玉米筍瘦肉粥

－台式稀飯－

## 食材 INGREDIENT

① 飯 　　　　　　約 300g
② 豬肉絲 　　　　　　40g
③ 紅蘿蔔絲 　　　　　30g
④ 玉米筍片 　　　　　30g
⑤ 紅蔥酥 　　　　½ 茶匙
⑥ 芹菜末 　　　　½ 茶匙

◆ 調味料

　　⑦ 鮮味炒手 　　½ 茶匙

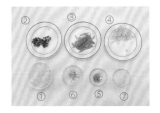

## 食材處理 PROCESS

① 飯：煮粥前可先將米煮成飯，可縮短煮粥的時間。台式稀飯的飯無需煮太軟爛。（洗米煮飯請見 20～27 頁。）

② 豬肉絲：若煮少量，肉品可於超市購買，較為方便，超市份量較少，買回後可依每次所需分裝成數包，置於冰箱冷凍保存，煮粥時可直接將肉品取出使用，無須等候退冰。

③ 紅蘿蔔絲：紅蘿蔔比較不容易煮熟，煮粥前建議先川燙，可縮短煮粥時間，紅蘿蔔可切成絲，大小如圖 3。（紅蘿蔔刀工及處理請見 33 頁，蔬菜川燙請見 28 頁。）

④ 玉米筍片：玉米筍片為較硬食材，若喜歡軟爛口感，可與紅蘿蔔絲一起先川燙，若喜歡脆爽口感，則可直接加入粥裡煮。（玉米筍片刀工及處理請見 43 頁。）

⑤ 紅蔥酥、⑥ 芹菜末：粥盛碗後，可撒上紅蔥酥及芹菜末，增添香氣及口感。

⑦ 鮮味炒手：可用鮮味炒手代替鹽，味道會更鮮美。

## 水 WATER

水量／內鍋 500ml，外鍋 500ml

## 作法 METHOD

**01** 在電鍋內鍋中加入水 500ml，外鍋加水 500ml。

**02** 將飯放入內鍋中。

**03** 以飯匙將飯拌開。

04 蓋上鍋蓋，按下電鍋電源，煮 5 分鐘。

05 將飯煮至濃稠狀。

06 放入玉米筍片及紅蘿蔔絲。

07 將食材拌開。

08 蓋上鍋蓋，並煮約 5 分鐘。

09 打開鍋蓋，放入豬肉絲。

10 用湯匙攪拌豬肉絲。

11 將豬肉絲燙熟，變色即可，約 7 分熟。

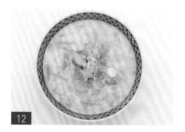

12 盛入碗中，撒上紅蔥酥及芹菜末，即可食用。

 小撇步

1. 步驟 8 為已將紅蘿蔔絲川燙過後，若紅蘿蔔絲為川燙則需煮 8 ～ 10 分鐘，將紅蘿蔔煮至熟透。

2. 豬肉絲燙太久會變硬變老，故煮粥時，等其他食材都煮熟之後，再放入豬肉絲，攪拌燙熟即可。

◆ 南瓜蘿蔔瘦肉粥

| | | | |
|---|---|---|---|
| 飯 | 約 300g | 紅蔥酥 | ½ 茶匙 |
| 豬肉絲 | 40g | 蔥花 | ½ 茶匙 |
| 南瓜絲 | 30g | 調味料 | |
| 白蘿蔔丁 | 30g | 香菇湯塊 | ⅓ 塊 |

◆ 雙菇瘦肉粥

| | | | |
|---|---|---|---|
| 飯 | 約 300g | 香菜末 | ½ 茶匙 |
| 豬肉絲 | 40g | 調味料 | |
| 香菇絲 | 30g | 香菇湯塊 | ⅓ 塊 |
| 鴻喜菇 | 30g | | |

◆ 辣筍絲杏鮑菇瘦肉粥

| | | | |
|---|---|---|---|
| 飯 | 約 300g | 調味料 | |
| 豬肉絲 | 40g | 鮮味炒手 | ½ 茶匙 |
| 辣筍絲 | 15g | | |
| 杏鮑菇丁 | 30g | | |

Tips 辣筍絲已有鹹味，可不加調味料，依個人口味斟酌。

◆ 玉米馬鈴薯瘦肉粥

| | | | |
|---|---|---|---|
| 飯 | 約 300g | 香鬆 | ½ 茶匙 |
| 豬肉絲 | 40g | 調味料 | |
| 馬鈴薯丁 | 30g | 鮮味炒手 | ½ 茶匙 |
| 玉米粒 | 30g | | |

Tips 玉米粒可用罐頭代替，罐頭玉米粒甜味較重，也有鹹味，可不加調味料。
若為新鮮玉米切下的玉米粒，則可加鹽調味，依個人口味斟酌。

# 小白菜鴻喜菇
# 瘦肉粥

– 台式稀飯 –

## 食 材 INGREDIENT

| | |
|---|---|
| ① 飯 | 約 300g |
| ② 豬肉絲 | 40g |
| ③ 鴻喜菇 | 30g |
| ④ 小白菜 | 40g |
| ⑤ 紅蔥酥 | ½ 茶匙 |
| ⑥ 芹菜末 | ½ 茶匙 |

◆ 調味料

| | |
|---|---|
| ⑦ 鮮味炒手 | ½ 茶匙 |

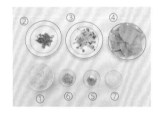

## 食材處理 PROCESS

① **飯**：煮粥前可先將米煮成飯，可縮短煮粥的時間。台式稀飯的飯無需煮太軟爛。（洗米煮飯請見 20～27 頁。）

② **豬肉絲**：豬肉絲煮太久會變老、變硬，只需於食材煮熟後，放入粥中川燙 1 分鐘即可。

③ **鴻喜菇**：鴻喜菇將根部切除後，洗淨，切成段。蕈菇類不易煮爛，可先放入鍋中煮熟。

④ **小白菜**：小白菜為葉菜類，無需久煮，可於起鍋前，加入粥中川燙 30 秒即可。

⑤ **紅蔥酥**、⑥ **芹菜末**：粥盛碗後，可撒上紅蔥酥及芹菜末，增添香氣及口感。（芹菜末刀工及處理請見 36 頁。）

⑦ **鮮味炒手**：也可以雞湯塊或香菇湯塊代替，變化不同的口味。

## 水 WATER

水量／內鍋 500ml，外鍋 500ml

## 作 法 METHOD

**01**
在電鍋內鍋中加入水 500ml，外鍋加水 500ml。

**02**
將飯放入內鍋中。

**03**
以飯匙將飯拌開。

04
蓋上鍋蓋，按下電鍋電源，
煮 5 分鐘。

05
將飯煮至濃稠狀。

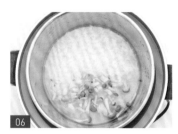
06
放入鴻喜菇。

07
放入鮮味炒手。

08
將鮮味炒手拌勻。

09
蓋上鍋蓋，煮 8 分鐘，將鴻
喜菇煮熟。

10
打開鍋蓋，放入豬肉絲。

11
將豬肉絲拌勻，燙熟。

12
放入小白菜，川燙 30 秒。

13
盛入碗中，撒上芹菜末及紅
蔥酥，即可食用。

1. 蕈菇類種類繁多，可以其他蕈菇代替，如金針菇、雪白
   菇等，變化不同口感。
2. 可以其他葉菜類代替小白菜，如地瓜葉、茼蒿、波菜等，
   變化不同口味。

◆ 金針菇芋頭瘦肉粥

| | | | |
|---|---|---|---|
| 飯 | 約 300g | 紅蔥酥 | ½ 茶匙 |
| 豬肉絲 | 40g | 蔥花 | ½ 茶匙 |
| 金針菇 | 30g | 調味料 | |
| 芋頭丁 | 30g | 香菇湯塊 | ⅓ 塊 |

◆ 海帶南瓜瘦肉粥

| | | | |
|---|---|---|---|
| 飯 | 約 300g | 香菜末 | ½ 茶匙 |
| 豬肉絲 | 40g | 調味料 | |
| 海帶絲 | 20g | 香菇湯塊 | ⅓ 塊 |
| 南瓜絲 | 30g | | |

◆ 四季豆木耳瘦肉粥

| | | | |
|---|---|---|---|
| 飯 | 約 300g | 蔥花 | ½ 茶匙 |
| 豬肉絲 | 40g | 調味料 | |
| 四季豆片 | 30g | 鮮味炒手 | ½ 茶匙 |
| 木耳絲 | 30g | | |

◆ 菜脯蘿蔔瘦肉粥

| | | | |
|---|---|---|---|
| 飯 | 約 300g | 芹菜末 | ½ 茶匙 |
| 豬肉絲 | 40g | 調味料 | |
| 菜脯丁 | 15g | 鮮味炒手 | ½ 茶匙 |
| 白蘿蔔塊 | 30g | | |

Tips 菜脯已有鹹味，調味料可依個人口味斟酌，也可不加。

# 香菜豆干豬肉粥

- 台式稀飯 -

## 食材 INGREDIENT

① 飯            約 300g
② 豬絞肉       40g
③ 紅蘿蔔丁     20g
④ 豆干條       20g
⑤ 小白菜       30g
⑥ 香菜末     ½ 茶匙
⑦ 紅蔥酥     ½ 茶匙

◆ 調味料

　⑧ 鮮味炒手    ½ 茶匙

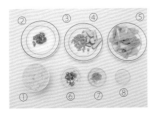

## 食材處理 PROCESS

① **飯**：煮粥前可先將米煮成飯，可縮短煮粥的時間。台式稀飯的飯無需煮太軟爛。（洗米煮飯請見 20 ～ 27 頁。）

② **豬絞肉**：絞肉比肉絲快熟，口感也較軟嫩，適合給年長者食用。

③ **紅蘿蔔丁**：紅蘿蔔比較不容易煮熟，煮粥前建議先川燙，可縮短煮粥時間，紅蘿蔔可切成小丁，大小如圖 3。（紅蘿蔔刀工及處理請見 33 頁，蔬菜川燙請見 28 頁。）

④ **豆干條**：豆干買回後，以清水沖洗，可切成條或小丁。

⑤ **小白菜**：小白菜為超市常見蔬菜，買回後，可分裝成數份，葉菜類不耐久放，需於一周內食畢較佳。

⑥ **香菜末**、⑦ **紅蔥酥**：粥盛碗後，可撒上香菜末及紅蔥酥，增添香氣及口感。（香菜末刀工及處理請見 36 頁。）

⑧ **鮮味炒手**：可以鮮味炒手取代鹽，增添風味，本食譜較清淡，若想口味鹹一些，可加 1 茶匙。

## 水 WATER

水量／內鍋 500ml，外鍋 500ml

## 作法
### METHOD

01
在電鍋內鍋中加入水 500ml，外鍋加水 500ml。

02
將飯放入內鍋中。

03
以飯匙將飯拌開。

04

蓋上鍋蓋，按下電鍋電源，
煮 5 分鐘。

05

將飯煮至濃稠狀。

06

放入豆干條及紅蘿蔔丁。

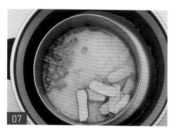

07

加入鮮味炒手。

08

蓋上鍋蓋，約煮 8 分鐘，將
食材煮熟。

09

打開鍋蓋，加入豬絞肉，約
煮 1 分鐘，將豬絞肉燙熟。

10

放入小白菜。

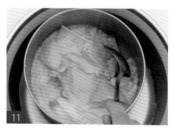

11

煮約 30 秒，將小白菜燙熟。

12

盛入碗中，加入香菜末及紅
蔥酥，即可食用。

 小撇步

豬絞肉可以肉絲或肉片代替，若沒有肉，也可以煮成蔬菜粥，亦是清淡爽口，適合夏天食用。

◆ 薏仁小米豬肉粥

| | | | | |
|---|---|---|---|---|
| 飯 | 約 300g | | 紅蔥酥 | ½ 茶匙 |
| 豬絞肉 | 40g | | 芹菜末 | ½ 茶匙 |
| 薏仁 | 30g | | **調味料** | |
| 小米 | 30g | | 鮮味炒手 | ½ 茶匙 |

Tips ╴ 薏仁、小米可先煮熟後,再加入粥中。

◆ 雪白菇地瓜豬肉粥

| | | | | |
|---|---|---|---|---|
| 飯 | 約 300g | | 香菜末 | ½ 茶匙 |
| 豬絞肉 | 40g | | **調味料** | |
| 雪白菇 | 20g | | 香菇湯塊 | ⅓ 塊 |
| 地瓜絲 | 30g | | | |

◆ 豆苗山藥豬肉粥

| | | | | |
|---|---|---|---|---|
| 飯 | 約 300g | | 芹菜末 | ½ 茶匙 |
| 豬絞肉 | 40g | | **調味料** | |
| 豆苗 | 20g | | 鮮味炒手 | ½ 茶匙 |
| 山藥丁 | 20g | | | |

◆ 木耳玉米筍豬肉粥

| | | | | |
|---|---|---|---|---|
| 飯 | 約 300g | | 芹菜末 | ½ 茶匙 |
| 豬絞肉 | 40g | | **調味料** | |
| 木耳絲 | 15g | | 鮮味炒手 | ½ 茶匙 |
| 玉米筍片 | 30g | | | |

# 海帶金針菇豬肉粥

## - 台式稀飯 -

## 食材 INGREDIENT

① 飯 ............... 約 300g
② 豬絞肉 ............... 40g
③ 金針菇 ............... 20g
④ 南瓜丁 ............... 20g
⑤ 海帶絲 ............... 20g
⑥ 貢丸 ............... 20g
⑦ 芹菜末 ............... ½ 茶匙

◆ 調味料
⑧ 鮮味炒手 ............... ½ 茶匙

## 水 WATER

水量／內鍋 500ml，外鍋
500ml

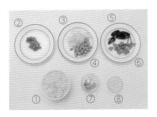

## 食材處理 PROCESS

① **飯**：煮粥前可先將米煮成飯，可縮短煮粥的時間。台式稀飯的飯無需煮太軟爛。（洗米煮飯請見 20 ～ 27 頁。）

② **豬絞肉**：若只需要少量可至超商購買，買回後先分裝數包後，置於冰箱冷凍，煮粥可直接拿出來煮，無需退冰，但煮的時間可能需要再長一點。

③ **金針菇**：可以其他菇類代替，例如鴻喜菇、雪白菇，變化口感。（金針菇刀工及處理請見 40 頁。）

④ **南瓜丁**：南瓜買回，若一顆吃不完，則可去籽後，擦乾，用保鮮膜包好，放入冷藏，建議一周內食畢為佳。（南瓜刀工及處理請見 39 頁。）

⑤ **海帶絲**：海帶洗淨，可切絲或切成碎末。海帶屬於較硬的食材，若想要吃軟爛一些，可煮久一點。（海帶絲刀工及處理請見 44 頁。）

⑥ **貢丸**：買回後，可先分裝，或先切成小塊後分裝，若要煮粥，建議切小丁，會比較容易煮熟，也可縮短煮的時間。（貢丸刀工及處理請見 45 頁。）

⑦ **芹菜末**：粥盛碗後，可撒上芹菜末，增添香氣及口感。（芹菜末刀工及處理請見 36 頁。）

⑧ **鮮味炒手**：可以鮮味炒手取代鹽，增添風味，本食譜較清淡，若想口味鹹一些，可加 1 茶匙。

## ◀ 作法 ▶
METHOD

01
在電鍋內鍋中加入水 500ml，
外鍋加水 500ml。

02
將飯放入內鍋中。

03
以飯匙將飯拌開。

04

蓋上鍋蓋，按下電鍋電源，
煮 5 分鐘。

05

將飯煮至濃稠狀。

06

放入貢丸、金針菇、海帶絲、
南瓜丁。

07

加入鮮味炒手。

08

蓋上鍋蓋，煮 8 分鐘，將食
材煮熟。

09

打開鍋蓋，放入豬絞肉，煮
約 1 分鐘，將肉燙熟。

10

盛入碗中，加入芹菜末，即
可食用。

 小撇步

貢丸有許多種類，可以不同種類的代替，也可以花枝丸或魚丸代替，變換口味。

**粥的變化配方**

◆ 山藥小米豬肉粥

| | | | |
|---|---|---|---|
| 飯 | 約 300g | 蔥花 | ½ 茶匙 |
| 豬絞肉 | 40g | 調味料 | |
| 山藥塊 | 30g | 鮮味炒手 | ½ 茶匙 |
| 小米 | 30g | | |

◆ 高麗菜紅蘿蔔豬肉粥

| | | | |
|---|---|---|---|
| 飯 | 約 300g | 紅蔥酥 | ½ 茶匙 |
| 豬絞肉 | 40g | 香菜末 | ½ 茶匙 |
| 高麗菜絲 | 30g | 調味料 | |
| 紅蘿蔔丁 | 20g | 香菇湯塊 | ⅓塊 |

◆ 豆芽芋頭豬肉粥

| | | | |
|---|---|---|---|
| 飯 | 約 300g | 芹菜末 | ½ 茶匙 |
| 豬絞肉 | 40g | 調味料 | |
| 豆芽 | 20g | 鮮味炒手 | ½ 茶匙 |
| 芋頭丁 | 20g | | |

Tips 〉 豆芽可以豆苗或苜蓿芽代替，變換口味。

◆ 蝦米蘿蔔豬肉粥

| | | | |
|---|---|---|---|
| 飯 | 約 300g | 香菜末 | ½ 茶匙 |
| 豬絞肉 | 40g | 調味料 | |
| 蝦米 | 15g | 鮮味炒手 | ½ 茶匙 |
| 白蘿蔔丁 | 30g | | |

Tips 〉 蝦米可以蝦皮代替。

# recipe 05

# 小白菜玉米筍肉片粥

– 台式稀飯 –

## 食 材 INGREDIENT

① 飯 ..................... 300g
② 豬肉片 ..................... 40g
③ 小白菜 ..................... 30g
④ 玉米筍片 ..................... 30g
⑤ 蔥花 ..................... ½ 茶匙

◆ 調味料
⑥ 鮮味炒手 ..................... ½ 茶匙

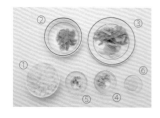

## 食材處理 PROCESS

① **飯**：煮粥前可先將米煮成飯，可縮短煮粥的時間。台式稀飯的飯無需煮太軟爛。（洗米煮飯請見 20～27 頁。）

② **豬肉片**：豬肉片買回可先分裝，置於冰箱冷凍保存。也可將肉片切成肉絲，可縮短煮粥時間。（豬肉片刀工及處理請見 30 頁。）

③ **小白菜**：買回後，洗淨，可切段，或要煮時，以手撕開所需大小，煮粥時建議撕成小片較易煮熟。

④ **玉米筍片**：玉米筍為較硬食材，煮粥時，建議切成薄片，可縮短煮粥時間。（玉米筍片刀工及處理請見 43 頁。）

⑤ **蔥花**：粥盛碗後，可撒上紅蔥酥及蔥花，增添香氣及口感。

⑥ **鮮味炒手**：可以鮮味炒手取代鹽，增添風味，本食譜較清淡，若想口味鹹一些，可加 1 茶匙。

## 水 WATER

水量／內鍋 500ml，外鍋 500ml

## 作法
METHOD

01
在電鍋內鍋中加入水 500ml，外鍋加水 500ml。

02
將飯放入內鍋中。

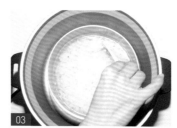

03
以飯匙將飯拌開。

04

蓋上鍋蓋，按下電鍋電源，煮 5 分鐘。

05

將飯煮至濃稠狀。

06

加入玉米筍及小白菜梗。

07

加入鮮味炒手。

08

將食材與調味料攪拌均勻。

09

蓋上鍋蓋，煮 8 分鐘，將食材煮熟。

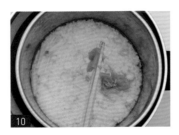

10

打開鍋蓋，加入豬肉片。

11

用筷子攪拌肉片。

12

將肉片燙熟。

13

加入小白菜葉。

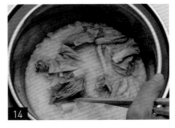

14

用筷子攪拌小白菜葉，約燙煮 30 秒。

15

盛入碗中，撒上蔥花，即可食用。

**粥的變化配方**

◆ 綠豆小米肉片粥

| | | | | |
|---|---|---|---|---|
| 飯 | 約 300g | | 蔥花 | ½ 茶匙 |
| 豬肉片 | 40g | | 調味料 | |
| 綠豆 | 30g | | 鮮味炒手 | ½ 茶匙 |
| 小米 | 30g | | | |

Tips ⟩ 綠豆可先煮熟後，再加入粥中，可縮短煮粥時間。

◆ 茼蒿馬鈴薯肉片粥

| | | | | |
|---|---|---|---|---|
| 飯 | 約 300g | | 紅蔥酥 | ½ 茶匙 |
| 豬肉片 | 40g | | 芹菜末 | ½ 茶匙 |
| 茼蒿 | 30g | | 調味料 | |
| 馬鈴薯丁 | 20g | | 鮮味炒手 | ½ 茶匙 |

◆ 香菇山藥肉片粥

| | | | | |
|---|---|---|---|---|
| 飯 | 約 300g | | 芹菜末 | ½ 茶匙 |
| 豬肉片 | 40g | | 調味料 | |
| 香菇絲 | 20g | | 香菇湯塊 | ⅓ 塊 |
| 山藥丁 | 20g | | | |

Tips ⟩ 山藥丁可以白蘿蔔丁代替，變換口味。

◆ 蝦米蘿蔔肉片粥

| | | | | |
|---|---|---|---|---|
| 飯 | 約 300g | | 香菜末 | ½ 茶匙 |
| 豬肉片 | 40g | | 調味料 | |
| 蝦米 | 15g | | 鮮味炒手 | ½ 茶匙 |
| 白蘿蔔丁 | 30g | | | |

Tips ⟩ 蝦米可以蝦皮代替。

 小撇步

小白菜梗需煮較長時間，可以先放入和玉米筍同煮。小白菜葉易熟、不耐煮，最後再加入燙煮 30 秒即可。

# 薏仁馬鈴薯肉片粥

– 台式稀飯 –

## 食材 INGREDIENT

| ① 飯 | 300g |
|---|---|
| ② 豬肉片 | 40g |
| ③ 薏仁 | 30g |
| ④ 馬鈴薯片 | 20g |
| ⑤ 芹菜末 | ½ 茶匙 |

◆ 調味料
| ⑥ 鮮味炒手 | ½ 茶匙 |
|---|---|

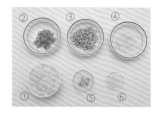

## 食材處理 PROCESS

① **飯**：煮粥前可先將米煮成飯，可縮短煮粥的時間。台式稀飯的飯無需煮太軟爛。（洗米煮飯請見 20 ～ 27 頁。）

② **豬肉片**：可以其他肉品代替，也可切絲，可縮短煮粥時間。（豬肉片刀工及處理請見 30 頁。）

③ **薏仁**：薏仁洗淨，泡水 20 分鐘。煮粥前，可先煮熟，再加入粥中，可縮短煮粥時間。

④ **馬鈴薯片**：馬鈴薯洗淨，去皮，可切小丁或薄片，煮粥時較易熟。切完後可泡鹽水，較不易變色。

⑤ **芹菜末**：粥盛碗後，可撒上芹菜末，增添香氣及口感。（芹菜末刀工及處理請見 36 頁。）

⑥ **鮮味炒手**：可以鮮味炒手取代鹽，增添風味。

## 水 WATER

水量／內鍋 500ml，外鍋 500ml

## 作 法
METHOD

01
在電鍋內鍋中加入水 500ml，外鍋加水 500ml。

02
將飯放入內鍋中。

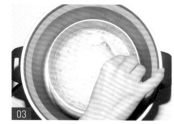

03
以飯匙將飯拌開。

04
蓋上鍋蓋，按下電鍋電源，煮 5 分鐘。

05
將飯煮至濃稠狀。

06
放入馬鈴薯片及薏仁。

07
加入鮮味炒手。

08
將食材及調味料攪拌均勻。

09
蓋上鍋蓋，約煮 10 分鐘，將食材煮熟。

10
打開鍋蓋，加入豬肉片，約煮 1 分鐘，將肉片燙熟。

10
盛入碗中，加入芹菜末，即可食用。

小撇步

1. 薏仁熱量低，富飽足感，消暑，可降火氣，適合夏天食用。

2. 馬鈴薯可以其他根莖類代替，如地瓜、山藥或芋頭，增加飽足感。

◆ 蝦米芋頭肉片粥

| | | | | |
|---|---|---|---|---|
| 飯 | 約 300g | 紅蔥酥 | ½ 茶匙 |
| 豬肉片 | 40g | | |
| 芋頭丁 | 30g | 調味料 | |
| 蝦米 | 30g | 蛤蜊湯塊 | ⅓ 塊 |

Tips　蝦米也可以蝦皮代替。

◆ 高麗菜魩仔魚肉片粥

| | | | | |
|---|---|---|---|---|
| 飯 | 約 300g | 紅蔥酥 | ½ 茶匙 |
| 豬肉片 | 40g | 蔥花 | ½ 茶匙 |
| 魩仔魚 | 30g | | |
| 高麗菜絲 | 20g | 調味料 | |
| | | 蛤蜊湯塊 | ⅓ 塊 |

◆ 香菇小魚乾肉片粥

| | | | | |
|---|---|---|---|---|
| 飯 | 約 300g | 紅蔥酥 | ½ 茶匙 |
| 豬肉片 | 40g | 芹菜末 | ½ 茶匙 |
| 香菇絲 | 20g | | |
| 小魚乾 | 20g | 調味料 | |
| | | 香菇湯塊 | ⅓ 塊 |

Tips　小魚乾也可以魩仔魚代替。

◆ 木耳玉米筍肉片粥

| | | | | |
|---|---|---|---|---|
| 飯 | 約 300g | 紅蔥酥 | ½ 茶匙 |
| 豬肉片 | 40g | 香菜末 | ½ 茶匙 |
| 木耳絲 | 15g | | |
| 玉米筍片 | 30g | 調味料 | |
| | | 鮮味炒手 | ½ 茶匙 |

recipe
07

# 金針菇芋頭肉片粥

－台式稀飯－

## 食 材 INGREDIENT

① 飯　　　　　　　　300g
② 豬肉片　　　　　　 40g
③ 芋頭丁　　　　　　 20g
④ 金針菇　　　　　　 20g
⑤ 蔥花　　　　　　 ½ 茶匙

◆ 調味料
　　⑥ 鮮味炒手　　 ½ 茶匙

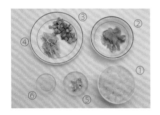

## 食材處理 PROCESS

① **飯**：煮粥前可先將米煮成飯，可縮短煮粥的時間。台式稀飯的飯無需煮太軟爛。（洗米煮飯請見 20 ～ 27 頁。）

② **豬肉片**：可以其他肉品代替，若想改成蔬食粥，則可以豆類製品代替，如豆干、豆皮或豆腐等。（豬肉片刀工及處理請見 30 頁。）

③ **芋頭丁**：芋頭洗淨，去皮，切小丁，煮粥時可縮短時間。

④ **金針菇**：蕈菇類熱量低，富飽足感，是非常好的食材，可以其他蕈菇類代替，如鴻喜菇或雪白菇等。（金針菇刀工及處理請見 40 頁。）

⑤ **蔥花**：粥盛碗後，可撒上蔥花，增添香氣及口感。

⑥ **鮮味炒手**：可以鮮味炒手取代鹽，增添風味。

## 水 WATER

水量／內鍋 500ml，外鍋 500ml

---

## 作 法 METHOD

**01**
在電鍋內鍋中加入水 500ml，外鍋加水 500ml。

**02**
將飯放入內鍋中。

**03**
以飯匙將飯拌開。

04 蓋上鍋蓋，按下電鍋電源，煮 5 分鐘。

05 將飯煮至濃稠狀。

06 放入芋頭丁及金針菇。

07 加入鮮味炒手。

08 將食材及調味料攪拌均勻。

09 蓋上鍋蓋，約煮 10 分鐘，將食材煮熟。

10 打開鍋蓋，加入豬肉片，約煮 1 分鐘，將肉片燙熟。

11 盛入碗中，加入蔥花，即可食用。

洗芋頭及削皮時，可戴塑膠手套，避免芋頭黏液沾到手上，而引發搔癢或過敏。

◆ 海帶豆干肉片粥

| | | | |
|---|---|---|---|
| 飯 | 約 300g | 紅蔥酥 | ½ 茶匙 |
| 豬肉片 | 40g | 蔥花 | ½ 茶匙 |
| 豆干丁 | 30g | 調味料 | |
| 海帶絲 | 20g | 鮮味炒手 | ½ 茶匙 |

◆ 南瓜山藥肉片粥

| | | | |
|---|---|---|---|
| 飯 | 約 300g | 蔥花 | ½ 茶匙 |
| 豬肉片 | 40g | 調味料 | |
| 地瓜絲 | 30g | 鮮味炒手 | ½ 茶匙 |
| 山藥丁 | 20g | | |

◆ 地瓜薏仁肉片粥

| | | | |
|---|---|---|---|
| 飯 | 約 300g | 芹菜末 | ½ 茶匙 |
| 豬肉片 | 40g | 調味料 | |
| 地瓜丁 | 20g | 香菇湯塊 | ⅓塊 |
| 薏仁 | 20g | | |

Tips ▷ 薏仁可煮熟後，再加入粥中。

◆ 四季豆金針菇肉片粥

| | | | |
|---|---|---|---|
| 飯 | 約 300g | 紅蔥酥 | ½ 茶匙 |
| 豬肉片 | 40g | 香菜末 | ½ 茶匙 |
| 金針菇 | 20g | 調味料 | |
| 四季豆片 | 30g | 鮮味炒手 | ½ 茶匙 |

# 四季豆芋頭肉片粥

- 台式稀飯 -

## 食材 INGREDIENT

① 飯 —————— 約 300g
② 豬肉片 —————— 40g
③ 四季豆片 —————— 30g
④ 芋頭丁 —————— 30g
⑤ 芹菜末 —————— ½ 茶匙

◆ 調味料

⑥ 鮮味炒手 —————— ½ 茶匙

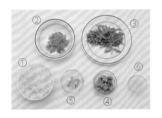

## 食材處理 PROCESS

① **飯**：煮粥前可先將米煮成飯，可縮短煮粥的時間。台式稀飯的飯無需煮太軟爛。（洗米煮飯請見 20～27 頁。）

② **豬肉片**：豬肉片可以牛肉片或雞肉絲替代，也可將豬肉片切成豬肉絲。（豬肉片刀工及處理請見 30 頁。）

③ **四季豆片**：四季豆可切成薄片，可縮短煮粥時間。（四季豆刀工及處理請見 43 頁。）

④ **芋頭丁**：可切丁或切絲，煮粥時可以縮短時間。

⑤ **芹菜末**：粥盛碗後，可撒上芹菜末，增添香氣及口感。（芹菜末刀工及處理請見 36 頁。）

⑥ **鮮味炒手**：可以鮮味炒手取代鹽，增添風味，本食譜較清淡，若想口味鹹一些，可加 1 茶匙。

## 水 WATER

水量／內鍋 500ml，外鍋 500ml

---

## 作法 METHOD

01
在電鍋內鍋中加入水 500ml，外鍋加水 500ml。

02
將飯放入內鍋中。

03
以飯匙將飯拌開。

04

蓋上鍋蓋，按下電鍋電源，
煮 5 分鐘。

05

將飯煮至濃稠狀。

06

放入四季豆片及芋頭丁。

07

加入鮮味炒手。

08

將食材及調味料拌開。

09

蓋上鍋蓋，約煮 8 分鐘，
將食材煮熟。

10

打開鍋蓋，放入豬肉片，將
豬肉片燙熟。

11

盛入碗中，加入芹菜末，即
可食用。

 小撇步

芋頭丁可以南瓜丁取代，變化口味。

◆ 海帶豆皮肉片粥

| | | | |
|---|---|---|---|
| 飯 | 約 300g | 紅蔥酥 | ½ 茶匙 |
| 豬肉片 | 40g | 蔥花 | ½ 茶匙 |
| 海帶絲 | 20g | 調味料 | |
| 豆皮絲 | 30g | 香菇湯塊 | ⅓ 塊 |

◆ 絲瓜山藥肉片粥

| | | | |
|---|---|---|---|
| 飯 | 約 300g | 蝦米 | ½ 茶匙 |
| 豬肉片 | 40g | 芹菜末 | ½ 茶匙 |
| 絲瓜塊 | 30g | 調味料 | |
| 山藥丁 | 20g | 鮮味炒手 | ½ 茶匙 |

◆ 綠豆白蘿蔔肉片粥

| | | | |
|---|---|---|---|
| 飯 | 約 300g | 芹菜末 | ½ 茶匙 |
| 豬肉片 | 40g | 調味料 | |
| 白蘿蔔丁 | 20g | 鮮味炒手 | ½ 茶匙 |
| 綠豆 | 20g | | |

Tips ＞ 綠豆可煮熟後，再加入粥中。

◆ 木耳芋頭肉片粥

| | | | |
|---|---|---|---|
| 飯 | 約 300g | 紅蔥酥 | ½ 茶匙 |
| 豬肉片 | 40g | 香菜末 | ½ 茶匙 |
| 木耳絲 | 15g | 調味料 | |
| 芋頭丁 | 30g | 鮮味炒手 | ½ 茶匙 |

# 地瓜葉南瓜雞肉粥

– 台式稀飯 –

## 食材 INGREDIENT

① 飯 _____ 約 300g
② 雞肉絲 _____ 40g
③ 紅蘿蔔絲 _____ 30g
④ 南瓜絲 _____ 30g
⑤ 地瓜葉 _____ 40g
⑥ 芹菜末 ____ ½ 茶匙

◆ 調味料
　⑦ 鮮味炒手 ____ ½ 茶匙

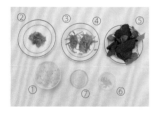

## 食材處理 PROCESS

① 飯：煮粥前可先將米煮成飯，可縮短煮粥的時間。台式稀飯的飯無需煮太軟爛。（洗米煮飯請見 20～27 頁。）

② 雞肉絲：可將超市買回的雞肉絲再切小絲，煮粥時，較易煮熟。

③ 紅蘿蔔絲：紅蘿蔔比較不容易煮熟，煮粥前建議先川燙，可縮短煮粥時間，紅蘿蔔可切成絲，大小如圖 3。（紅蘿蔔刀工及處理請見 33 頁，蔬菜川燙請見 28 頁。）

④ 南瓜絲：南瓜較易煮爛，無須川燙即可煮粥。（南瓜刀工及處理請見 39 頁。）

⑤ 地瓜葉：地瓜葉需將莖梗折除後清洗。（地瓜葉刀工及處理請見 38 頁。）

⑥ 芹菜末：粥盛碗後，可撒上芹菜末，增添色澤及風味。（芹菜末刀工及處理請見 36 頁。）

⑦ 鮮味炒手：可以用鮮味炒手代替鹽，味道會更鮮美。

## 水 WATER

水量／內鍋 500ml，外鍋 500ml

## 作法 METHOD

01 在電鍋內鍋中加入水 500ml，外鍋加水 500ml。

02 將飯放入內鍋中。

03 以飯匙將飯拌開。

**04** 蓋上鍋蓋，按下電鍋電源，煮 5 分鐘。

**05** 將飯煮至濃稠狀。

**06** 放入紅蘿蔔絲及南瓜絲。

**07** 加入鮮味炒手。

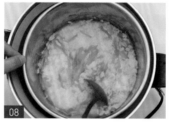

**08** 將食材及鮮味炒手拌勻。

**09** 蓋上鍋蓋，並煮約 5 分鐘。

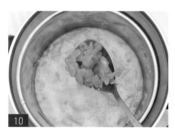

**10** 打開鍋蓋，放入雞肉絲。

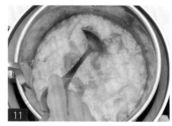

**11** 將雞肉絲拌開，燙熟。

**12** 放入地瓜葉。

**13** 將地瓜葉拌開，燙熟。

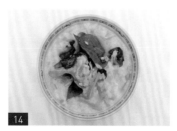

**14** 盛入碗中，撒上芹菜末，即可食用。

◆ **海帶紅蘿蔔雞肉粥**

| | | | | |
|---|---|---|---|---|
| 飯 | 約 300g | 紅蔥酥 | ½ 茶匙 |
| 雞肉絲 | 40g | 芹菜末 | ½ 茶匙 |
| 海帶絲 | 30g | **調味料** | |
| 紅蘿蔔丁 | 30g | 鮮雞精 | ½ 茶匙 |

◆ **豆皮杏鮑菇雞肉粥**

| | | | | |
|---|---|---|---|---|
| 飯 | 約 300g | 紅蔥酥 | ½ 茶匙 |
| 雞肉絲 | 40g | 芹菜末 | ½ 茶匙 |
| 豆皮絲 | 30g | **調味料** | |
| 杏鮑菇丁 | 20g | 鮮雞精 | ½ 茶匙 |

◆ **薏仁紅蘿蔔雞肉粥**

| | | | | |
|---|---|---|---|---|
| 飯 | 約 300g | 芹菜末 | ½ 茶匙 |
| 雞肉絲 | 40g | **調味料** | |
| 紅蘿蔔丁 | 20g | 鮮雞精 | ½ 茶匙 |
| 薏仁 | 20g | | |

◆ **竹筍馬鈴薯雞肉粥**

| | | | | |
|---|---|---|---|---|
| 飯 | 約 300g | 紅蔥酥 | ½ 茶匙 |
| 雞肉絲 | 40g | 香菜末 | ½ 茶匙 |
| 竹筍片 | 20g | **調味料** | |
| 馬鈴薯丁 | 30g | 鮮雞精 | ½ 茶匙 |

 小撇步

1. 地瓜葉為葉菜類，易熟，易煮過爛，只需於粥中，燙 30 秒即可。

2. 本食譜口味較清淡，若偏好鹹味較重者，可加將鮮味炒手的份量調整為 1 茶匙。

# 小魚乾馬鈴薯粥

- 台式稀飯 -

## 食材 INGREDIENT

| | |
|---|---|
| ① 飯 | 300g |
| ② 小魚乾 | 10g |
| ③ 金針菇 | 30g |
| ④ 馬鈴薯丁 | 30g |
| ⑤ 芹菜末 | ½ 茶匙 |

◆ 調味料
| | |
|---|---|
| ⑥ 鮮味炒手 | ½ 茶匙 |

## 食材處理 PROCESS

① **飯**：煮粥前可先將米煮成飯，可縮短煮粥的時間。台式稀飯的飯無需煮太軟爛。（洗米煮飯請見 20～27 頁。）

② **小魚乾**：小魚乾富含鈣質，洗淨後，即可使用。若擔心過鹹，可以泡水，去除些許鹹味後使用。

③ **金針菇**：可以其他菇類代替，如鴻喜菇或雪白菇。（金針菇刀工及處理請見 40 頁。）

④ **馬鈴薯丁**：馬鈴薯洗淨，去皮後，切絲或切丁，切完後需浸泡鹽水，才不會變色。

⑤ **芹菜末**：粥盛碗後，可撒上芹菜末，增添香氣及口感。（芹菜末刀工及處理請見 36 頁。）

⑥ **鮮味炒手**：可以鮮味炒手取代鹽，增添風味。

## 水 WATER

水量／內鍋 500ml，外鍋 500ml

## 作法 METHOD

01 在電鍋內鍋中加入水 500ml，外鍋加水 500ml。

02 將飯放入內鍋中。

03 以飯匙將飯拌開。

**04**

蓋上鍋蓋，按下電鍋電源，煮 5 分鐘。

**05**

將飯煮至濃稠狀。

**06**

放入馬鈴薯丁、金針菇及小魚乾。

**07**

加入鮮味炒手。

**08**

將食材及調味料攪拌均勻。

**09**

蓋上鍋蓋，約煮 8 分鐘，將食材煮熟。

**10**

盛入碗中，加入芹菜末，即可食用。

小魚乾種類繁多，挑選時須注意其身形是否完整，魚身色澤為銀色，魚腹為銀白色，並無破損，乾燥，無受潮。小魚乾買回可置於冰箱冷凍保存。

◆ 海帶小魚乾粥

| 飯 | 約 300g |
| 小魚乾 | 20g |
| 海帶絲 | 20g |
| 白蘿蔔丁 | 30g |

| 紅蔥酥 | ½ 茶匙 |
| 芹菜末 | ½ 茶匙 |

調味料

| 鮮味炒手 | ½ 茶匙 |

◆ 豆干小魚乾粥

| 飯 | 約 300g |
| 小魚乾 | 20g |
| 豆干丁 | 30g |
| 金針菇 | 20g |

| 芹菜末 | ½ 茶匙 |

調味料

| 香菇湯塊 | ⅓塊 |

◆ 小白菜鴻喜菇小魚乾粥

| 飯 | 約 300g |
| 小魚乾 | 20g |
| 鴻喜菇 | 20g |
| 小白菜 | 20g |

| 芹菜末 | ½ 茶匙 |

調味料

| 鮮味炒手 | ½ 茶匙 |

◆ 山藥薏仁小魚乾粥

| 飯 | 約 300g |
| 小魚乾 | 20g |
| 山藥丁 | 30g |
| 薏仁 | 30g |

| 芹菜末 | ½ 茶匙 |

調味料

| 香菇湯塊 | ⅓塊 |

# 小白菜魩仔魚粥

－台式稀飯－

## 食材 INGREDIENT

① 飯　　　　　　　約 300g
② 小白菜　　　　　　 40g
③ 南瓜絲　　　　　　 30g
④ 魩仔魚　　　　　　 15g
⑤ 芹菜末　　　　 ½ 茶匙
⑥ 乾香菇絲　　　　　 10g

◆ 調味料

　⑦ 鮮味炒手　　 ½ 茶匙

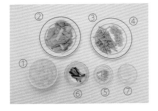

## 食材處理 PROCESS

① **飯**：煮粥前可先將米煮成飯，可縮短煮粥的時間。台式稀飯的飯無需煮太軟爛。（洗米煮飯請見 20 ～ 27 頁。）

② **小白菜**：可以其他的葉菜類代替，如地瓜葉、萵苣或菠菜。

③ **南瓜絲**：南瓜買回後，洗淨去皮、去籽，可切成小丁或絲，煮粥時可縮短時間。

④ **魩仔魚**：選購時注意是否乾燥，顏色明亮自然，不要太白。煮前多沖幾次水，或以熱水先沖燙。

⑤ **芹菜末**：粥盛碗後，可撒上芹菜末，增添香氣及口感。（芹菜末刀工及處理請見 36 頁。）

⑥ **乾香菇絲**：乾香菇買回後，煮前先泡水，泡軟後，再切成絲。（乾香菇絲刀工及處理請見 40 頁。）

⑦ **鮮味炒手**：可以鮮味炒手取代鹽，增添風味。

## 水 WATER

水量／內鍋 500ml，外鍋 500ml

## 作法 METHOD

01　在電鍋內鍋中加入水 500ml，外鍋加水 500ml。

02　將飯放入內鍋中。

03　以飯匙將飯拌開。

04

蓋上鍋蓋，按下電鍋電源，
煮 5 分鐘。

05

將飯煮至濃稠狀。

06

放入魩仔魚、南瓜絲及乾香
菇絲。

07

加入鮮味炒手。

08

將食材及調味料攪拌均勻。

09

蓋上鍋蓋，煮 8 分鐘，將食
材煮熟。

10

打開鍋蓋，放入小白菜。

11

攪拌小白菜，約煮 30 秒。

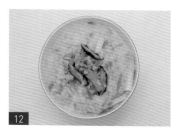

12

盛入碗中，撒上芹菜末，即
可食用。

小撇步

魩仔魚含豐富的鈣，且極易被人體吸收，非常適合年長者、小孩及孕婦食用，煮粥時可多使用。

◆ 馬鈴薯鮑仔魚粥

| 飯 | 約 300g | 香菜末 | ½ 茶匙 |
|---|---|---|---|
| 鮑仔魚 | 20g | 調味料 | |
| 馬鈴薯丁 | 30g | 香菇湯塊 | ⅓ 塊 |
| 紅蘿蔔丁 | 30g | | |

◆ 金針菇鮑仔魚粥

| 飯 | 約 300g | 芹菜末 | ½ 茶匙 |
|---|---|---|---|
| 鮑仔魚 | 20g | 調味料 | |
| 白蘿蔔丁 | 30g | 香菇湯塊 | ⅓ 塊 |
| 金針菇 | 20g | | |

◆ 香菇竹筍鮑仔魚粥

| 飯 | 約 300g | 芹菜末 | ½ 茶匙 |
|---|---|---|---|
| 鮑仔魚 | 20g | 調味料 | |
| 香菇絲 | 20g | 鮮味炒手 | ½ 茶匙 |
| 竹筍片 | 20g | | |

◆ 菜脯豆皮鮑仔魚粥

| 飯 | 約 300g | 芹菜末 | ½ 茶匙 |
|---|---|---|---|
| 鮑仔魚 | 20g | 調味料 | |
| 菜脯 | 15g | 香菇湯塊 | ⅓ 塊 |
| 豆皮絲 | 30g | | |

# 絲瓜蝦仁粥

– 台式稀飯 –

## 食 材 INGREDIENT

① 飯　　　　　　　約 300g
② 玉米筍片　　　　　20g
③ 蝦仁　　　　　　　10g
④ 紅蘿蔔丁　　　　　20g
⑤ 絲瓜　　⅕條，約 30g
⑥ 紅蔥酥　　　　　½ 匙
⑦ 蔥花　　　　　½ 茶匙

◆ 調味料
　⑧ 鮮味炒手　　½ 茶匙

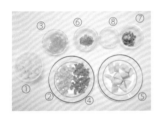

## 食材處理 PROCESS

① 飯：煮粥前，先將米煮成飯，會比較省時。（洗米煮飯請見
　20 ～ 27 頁。）

② 玉米筍片：玉米筍可切成片，煮粥時較易熟。

③ 蝦仁：蝦仁若一次吃不完，可分裝冷凍保鮮。

④ 紅蘿蔔丁：紅蘿蔔比較不容易煮熟，煮粥前建議先川燙，可
　縮短煮粥時間，紅蘿蔔可切成小丁，大小如圖 4。（紅蘿蔔
　刀工及處理請見 33 頁，蔬菜川燙請見 28 頁。）

⑤ 絲瓜：絲瓜可先切成塊，一人份只需 ⅕ 條，其他可分裝，置
　於冰箱冷藏。（絲瓜刀工及處理請見 38 頁。）

⑥ 紅蔥酥、⑦ 蔥花：粥盛碗後，可撒上紅蔥酥及蔥花，增添香
　氣及口感。

⑧ 鮮味炒手：可以鮮味炒手取代鹽，增添風味，本食譜較清淡，
　若想口味鹹一些，可加 1 茶匙。

## 水 WATER

水量／內鍋 500ml，外鍋 500ml

## ◀ 作 法 ▶
METHOD

01
在電鍋內鍋中加入水 500ml，
外鍋加水 500ml。

02
將飯放入內鍋中。

03
以飯匙將飯拌開。

04

蓋上鍋蓋，按下電鍋電源，煮 5 分鐘。

05

將飯煮至濃稠狀。

06

放入玉米筍片及紅蘿蔔丁。

07

加入鮮味炒手。

08

將絲瓜放入鍋中。

09

放入蝦仁。

10

蓋上鍋蓋，煮 3 分鐘。

11

將蝦仁煮熟。

12

盛入碗中，加入蔥花及紅蔥酥，即可食用。

 小撇步

煮絲瓜粥時，也可以蛤蜊取代蝦仁，並加入蝦米，是另一種風味。絲瓜與蛤蜊非常對味，是絕配組合。

◆ 鴻喜菇芋頭蝦仁粥

| | | | |
|---|---|---|---|
| 飯 | 約 300g | 紅蔥酥 | ½ 茶匙 |
| 蝦仁 | 20g | 芹菜末 | ½ 茶匙 |
| 芋頭丁 | 30g | 調味料 | |
| 鴻喜菇 | 30g | 香菇湯塊 | ⅓ 塊 |

◆ 小白菜馬鈴薯蝦仁粥

| | | | |
|---|---|---|---|
| 飯 | 約 300g | 香菜末 | ½ 茶匙 |
| 蝦仁 | 20g | 調味料 | |
| 小白菜 | 30g | 蛤蜊湯塊 | ⅓ 塊 |
| 馬鈴薯丁 | 20g | | |

◆ 木耳豆皮蝦仁粥

| | | | |
|---|---|---|---|
| 飯 | 約 300g | 紅蔥酥 | 20g |
| 蝦仁 | 20g | 蔥花 | ½ 茶匙 |
| 豆皮絲 | 20g | 調味料 | |
| 木耳絲 | 20g | 香菇湯塊 | ⅓ 塊 |

◆ 四季豆蘿蔔蝦仁粥

| | | | |
|---|---|---|---|
| 飯 | 約 300g | 蔥花 | ½ 茶匙 |
| 蝦仁 | 20g | 調味料 | |
| 四季豆片 | 20g | 鮮味炒手 | ½ 茶匙 |
| 白蘿蔔丁 | 20g | | |

# 絲瓜蝦米紅蘿蔔粥

– 台式稀飯 –

## 食 材 INGREDIENT

① 飯 _____ 約 300g
② 絲瓜塊 _____ 30g
③ 蝦米 _____ 30g
④ 紅蘿蔔丁 _____ 30g
⑤ 蔥花 _____ ½ 茶匙

◆ 調味料
　⑥ 蛤蜊湯塊 _____ ⅓ 塊

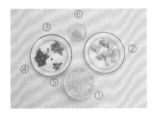

## 食材處理 PROCESS

① **飯**：煮粥前可先將米煮成飯，可縮短煮粥的時間。台式稀飯的飯無需煮太軟爛。（洗米煮飯請見 20 ～ 27 頁。）

② **絲瓜塊**：選購絲瓜時，請選顏色翠綠，輕捏時軟嫩為佳。洗淨，去皮，可先切成塊，一人份只需 ⅕ 條，其他可分裝，置於冰箱冷藏。（絲瓜刀工及處理請見 38 頁。）

③ **蝦米**：蝦米洗淨後，須先泡水，泡軟後即可使用。也可以蝦皮代替。

④ **紅蘿蔔丁**：紅蘿蔔比較不容易煮熟，煮粥前建議先川燙，可縮短煮粥時間，紅蘿蔔可切成小丁，大小如圖 4。（紅蘿蔔刀工及處理請見 33 頁，蔬菜川燙請見 28 頁。）

⑤ **蔥花**：粥盛碗後，可撒上蔥花，增添香氣及口感。

⑥ **蛤蜊湯塊**：可代替鹽調味，也可增加粥的鮮度。

## 水 WATER

水量／內鍋 500ml，外鍋 500ml

## 作 法
### METHOD

**01** 在電鍋內鍋中加入水 500ml，外鍋加水 500ml。

**02** 將飯放入內鍋中。

**03** 以飯匙將飯拌開。

04 蓋上鍋蓋，按下電鍋電源，煮 5 分鐘。

05 將飯煮至濃稠狀。

06 放入絲瓜塊、蝦米及紅蘿蔔丁。

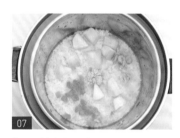

07 加入蛤蜊湯塊。

08 將食材及調味料攪拌均勻。

09 蓋上鍋蓋，約煮分鐘 10 分鐘，將食材煮熟。

10 盛入碗中，加入蔥花，即可食用。

 小撇步

絲瓜為涼性食材，適合夏季，可降火氣，清熱、消暑。絲瓜粥也可加入蛤蜊，增添鮮味。

### ◆ 絲瓜鴻喜菇芋頭粥

| | | | |
|---|---|---|---|
| 飯 | 約 300g | 紅蔥酥 | ½ 茶匙 |
| 絲瓜塊 | 30g | 芹菜末 | ½ 茶匙 |
| 芋頭丁 | 20g | 調味料 | |
| 鴻喜菇 | 20g | 香菇湯塊 | ⅓ 塊 |

### ◆ 絲瓜海帶薏仁粥

| | | | |
|---|---|---|---|
| 飯 | 約 300g | 蔥花 | ½ 茶匙 |
| 絲瓜塊 | 30g | 調味料 | |
| 海帶末 | 20g | 鮮味炒手 | ½ 茶匙 |
| 薏仁 | 20g | | |

### ◆ 香菇絲瓜山藥粥

| | | | |
|---|---|---|---|
| 飯 | 約 300g | 紅蔥酥 | ½ 茶匙 |
| 絲瓜塊 | 30g | 蔥花 | ½ 茶匙 |
| 香菇絲 | 20g | 調味料 | |
| 山藥丁 | 20g | 香菇湯塊 | ⅓ 塊 |

### ◆ 絲瓜綠豆蘿蔔粥

| | | | |
|---|---|---|---|
| 飯 | 約 300g | 芹菜末 | ½ 茶匙 |
| 絲瓜塊 | 30g | 調味料 | |
| 綠豆 | 20g | 鮮味炒手 | ½ 茶匙 |
| 白蘿蔔丁 | 30g | | |

# 蔥花馬鈴薯粥

– 台式稀飯 –

## 食材 INGREDIENT

| | |
|---|---|
| ① 飯 | 約 300g |
| ② 紅蘿蔔丁 | 30g |
| ③ 南瓜絲 | 30g |
| ④ 馬鈴薯丁 | 30g |
| ⑤ 蔥花 | ½ 茶匙 |

◆ 調味料

| | |
|---|---|
| ⑥ 鮮味炒手 | ½ 茶匙 |

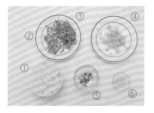

## 食材處理 PROCESS

① 飯：煮粥前可先將米煮成飯，可縮短煮粥的時間。台式稀飯的飯無需煮太軟爛。（洗米煮飯請見 20 ～ 27 頁。）

② 紅蘿蔔丁：紅蘿蔔比較不容易煮熟，煮粥前建議先川燙，可縮短煮粥時間，紅蘿蔔可切成小丁，大小如圖 2。（紅蘿蔔刀工及處理請見 33 頁，蔬菜川燙請見 28 頁。）

③ 南瓜絲：南瓜洗淨，去皮，去籽，煮粥時，可切成小丁或切成絲。

④ 馬鈴薯丁：馬鈴薯洗淨，去皮，可切成小丁或切成薄片，切完後可浸泡於鹽水中，較不易變色。

⑤ 蔥花：粥盛碗後，可撒上蔥花，增添香氣及口感。

⑥ 鮮味炒手：可以鮮味炒手取代鹽，增添風味。

## 水 WATER

水量／內鍋 500ml，外鍋 500ml

## 作法 METHOD

01 在電鍋內鍋中加入水 500ml，外鍋加水 500ml。

02 將飯放入內鍋中。

03 以飯匙將飯拌開。

**04** 蓋上鍋蓋，按下電鍋電源，煮 5 分鐘。

**05** 將飯煮至濃稠狀。

**06** 放入馬鈴薯丁、南瓜絲及紅蘿蔔丁。

**07** 加入鮮味炒手。

**08** 將食材及調味料攪拌均勻。

**09** 蓋上鍋蓋，約煮 10 分鐘，將食材煮熟。

**10** 盛入碗中，撒上蔥花，即可食用。

---- 小撇步 ----

1. 此粥為蔬食粥，若要給年長者食用，可再煮久一點，將食材煮軟爛些。

2. 馬鈴薯也可以山藥或白蘿蔔代替，變化口味。

3. 若想增加蛋白質攝取，也可加入豆干或豆皮等豆類製品。

◆ 木耳芋頭粥

| | | | |
|---|---|---|---|
| 飯 | 約 300g | 芹菜末 | ½ 茶匙 |
| 木耳絲 | 30g | 調味料 | |
| 芋頭丁 | 20g | 香菇湯塊 | ⅓ 塊 |
| 紅蔥酥 | ½ 茶匙 | | |

◆ 海帶蘿蔔粥

| | | | |
|---|---|---|---|
| 飯 | 約 300g | 調味料 | |
| 白蘿蔔塊 | 30g | 鮮味炒手 | ½ 茶匙 |
| 海帶末 | 20g | | |
| 蔥花 | ½ 茶匙 | | |

◆ 香菇南瓜粥

| | | | |
|---|---|---|---|
| 飯 | 約 300g | 調味料 | |
| 南瓜丁 | 30g | 香菇湯塊 | ⅓ 塊 |
| 香菇絲 | 20g | | |
| 芹菜末 | ½ 茶匙 | | |

◆ 金針菇薏仁粥

| | | | |
|---|---|---|---|
| 飯 | 約 300g | 調味料 | |
| 金針菇 | 20g | 鮮味炒手 | ½ 茶匙 |
| 薏仁 | 30g | | |
| 芹菜末 | ½ 茶匙 | | |

recipe
15

# 滑蛋香菇薏仁粥

− 台式稀飯 −

## 食 材 INGREDIENT

① 飯 .............. 約 300g
② 紅蘿蔔丁 .............. 20g
③ 馬鈴薯片 .............. 30g
④ 薏仁 .............. 20g
⑤ 芹菜末 .............. ½ 茶匙
⑥ 乾香菇絲 .............. 5g
⑦ 蛋 .............. 1 顆

◆ 調味料
　⑧ 鮮味炒手 .............. ½ 茶匙

## 水 WATER

水量／內鍋 500ml，外鍋
500ml

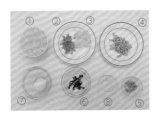

## 食材處理 PROCESS

① **飯**：煮粥前可先將米煮成飯，可縮短煮粥的時間。台式稀飯的飯無需煮太軟爛。（洗米煮飯請見 20～27 頁。）

② **紅蘿蔔丁**：紅蘿蔔比較不容易煮熟，煮粥前建議先川燙，可縮短煮粥時間，紅蘿蔔可切成小丁，大小如圖 2。（紅蘿蔔刀工及處理請見 33 頁，蔬菜川燙請見 28 頁。）

③ **馬鈴薯片**：馬鈴薯洗淨，去皮，可切小丁或薄片。也可以山藥或芋頭代替。

④ **薏仁**：薏仁洗淨後，可先泡水 20 分鐘，煮粥前，可先煮熟再加入粥中，縮短煮粥時間。

⑤ **芹菜末**：粥盛碗後，可撒上芹菜末，增添香氣及口感。（芹菜末刀工及處理請見 36 頁。）

⑥ **乾香菇絲**：乾香菇洗淨後，需泡水，泡軟後，可切絲或切小丁。加入粥中可增添香氣。（乾香菇絲刀工及處理請見 40 頁。）

⑦ **蛋**：加入蛋可增加粥滑順的口感。

⑧ **鮮味炒手**：可以鮮味炒手取代鹽，增添風味。

## 作 法 METHOD

01 在電鍋內鍋中加入水 500ml，外鍋加水 500ml。

02 將飯放入內鍋中。

03 以飯匙將飯拌開。

04 蓋上鍋蓋，按下電鍋電源，煮 5 分鐘。

05 將飯煮至濃稠狀。

06 放入馬鈴薯片、紅蘿蔔丁、薏仁及香菇絲。

07 加入鮮味炒手。

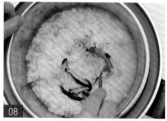

08 將食材及調味料攪拌均勻。

09 蓋上鍋蓋，約煮 10 分鐘，將食材煮熟。

10 在碗中，放入一顆蛋。

11 用筷子把蛋打散。

12 將蛋加入粥中。

13 用筷子將蛋攪拌均勻，並將蛋煮熟。

14 盛入碗中，撒上芹菜末，即可食用。

----- 小 撇 步 -----

1. 薏仁可降火氣，熱量低，富飽足感，是非常好的食材。也可以綠豆或紅豆代替。

2. 馬鈴薯可增加飽足感，也可以其他根莖類食材代替，如山藥或芋頭，變換口味。

3. 此粥為蔬食粥，若想增加蛋白質攝取，可加入豆類製品，如豆干或豆皮。

## 粥的變化配方

### ◆ 滑蛋木耳馬鈴薯粥

| 飯 | 約 300g | 芹菜末 | ½ 茶匙 |
|---|---|---|---|
| 木耳絲 | 20g | **調味料** | |
| 馬鈴薯丁 | 30g | 香菇湯塊 | ⅓塊 |
| 蛋 | 1 顆 | | |

### ◆ 滑蛋蝦米玉米筍粥

| 飯 | 約 300g | 蔥花 | ½ 茶匙 |
|---|---|---|---|
| 蝦米 | 15g | **調味料** | |
| 玉米筍片 | 30g | 鮮味炒手 | ½ 茶匙 |
| 蛋 | 1 顆 | | |

### ◆ 滑蛋四季豆芋頭粥

| 飯 | 約 300g | 紅蔥酥 | ½ 茶匙 |
|---|---|---|---|
| 四季豆片 | 20g | 芹菜末 | ½ 茶匙 |
| 芋頭丁 | 30g | **調味料** | |
| 蛋 | 1 顆 | 香菇湯塊 | ⅓塊 |

### ◆ 滑蛋鴻喜菇綠豆粥

| 飯 | 約 300g | 香菜末 | ½ 茶匙 |
|---|---|---|---|
| 鴻喜菇 | 20g | **調味料** | |
| 綠豆 | 30g | 鮮味炒手 | ½ 茶匙 |
| 蛋 | 1 顆 | | |

# 金針菇筍乾粥

－台式稀飯－

## 食材 INGREDIENT

| | |
|---|---|
| ① 飯 | 約 300g |
| ② 南瓜丁 | 35g |
| ③ 金針菇 | 15g |
| ④ 筍乾 | 20g |
| ⑤ 豆干丁 | 20g |
| ⑥ 芹菜末 | ½ 茶匙 |

◆ 調味料

| | |
|---|---|
| ⑦ 鮮味炒手 | ½ 茶匙 |

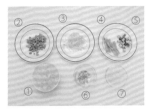

## 食材處理 PROCESS

① **飯**：煮粥前可先將米煮成飯，可縮短煮粥的時間。台式稀飯的飯無需煮太軟爛。（洗米煮飯請見 20～27 頁。）

② **南瓜丁**：南瓜洗淨，去皮，去籽。煮粥時，可切小丁或切絲。

③ **金針菇**：可以其他菇類代替，蕈菇類熱量低，且纖維質高，是非常好的食材。（金針菇刀工及處理請見 40 頁。）

④ **筍乾**：富含高纖維質，幫助消化。洗淨後，可切絲或切成小塊。（筍乾刀工及處理請見 42 頁。）

⑤ **豆干丁**：豆類為優良蛋白質，可代替肉類。豆干可切成小丁或切成條狀。

⑥ **芹菜末**：粥盛碗後，可撒上芹菜末，增添香氣及口感。（芹菜末刀工及處理請見 36 頁。）

⑦ **鮮味炒手**：可以鮮味炒手取代鹽，增添風味。

## 水 WATER

水量／內鍋 500ml，外鍋 500ml

## 作法 METHOD

**01** 在電鍋內鍋中加入水 500ml，外鍋加水 500ml。

**02** 將飯放入內鍋中。

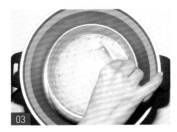

**03** 以飯匙將飯拌開。

**04**

蓋上鍋蓋，按下電鍋電源，煮 5 分鐘。

**05**

將飯煮至濃稠狀。

**06**

放入南瓜丁、金針菇、筍乾及豆干丁。

**07**

加入鮮味炒手。

**08**

將食材及調味攪拌均勻。

**09**

蓋上鍋蓋，約煮 10 分鐘，將食材煮熟。

**10**

盛入碗中，撒上芹菜末，即可食用。

 小撇步

此粥為蔬食粥，以豆干代替肉類，筍乾為高纖維質，可幫助消化，促進腸胃蠕動。

## ◆ 馬鈴薯筍乾粥

| | | | |
|---|---|---|---|
| 飯 | 約 300g | 芹菜末 | ½ 茶匙 |
| 筍乾 | 20g | 調味料 | |
| 馬鈴薯丁 | 30g | 香菇湯塊 | ⅓ 塊 |
| 紅蔥酥 | ½ 茶匙 | | |

## ◆ 豆皮筍乾粥

| | | | |
|---|---|---|---|
| 飯 | 約 300g | 蔥花 | ½ 茶匙 |
| 筍乾 | 20g | 調味料 | |
| 豆皮絲 | 30g | 鮮味炒手 | ½ 茶匙 |
| 蝦米 | 10g | | |

## ◆ 四季豆筍乾粥

| | | | |
|---|---|---|---|
| 飯 | 約 300g | 芹菜末 | ½ 茶匙 |
| 筍乾 | 20g | 調味料 | |
| 四季豆片 | 30g | 鮮味炒手 | ½ 茶匙 |
| 紅蔥酥 | ½ 茶匙 | | |

## ◆ 蘿蔔筍乾粥

| | | | |
|---|---|---|---|
| 飯 | 約 300g | 香菜末 | ½ 茶匙 |
| 筍乾 | 20g | 調味料 | |
| 白蘿蔔塊 | 30g | 鮮味炒手 | ½ 茶匙 |
| 紅蔥酥 | ½ 茶匙 | | |

# 海帶香菇豆腐粥

– 台式稀飯 –

## 食材 INGREDIENT

① 飯　　　　　　約 300g
② 白蘿蔔塊　　　　30g
③ 紅蘿蔔丁　　　　10g
④ 海帶末　　　　　20g
⑤ 豆腐　　　　　　20g
⑥ 乾香菇絲　　　　10g
⑦ 紅蔥酥　　　　½ 茶匙

◆ 調味料

　　⑧ 鮮味炒手　　½ 茶匙

## 水 WATER

水量／內鍋 500ml，外鍋
500ml

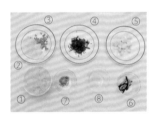

## 食材處理 PROCESS

① 飯：煮粥前可先將米煮成飯，可縮短煮粥的時間。台式稀飯的飯無需煮太軟爛。（洗米煮飯請見 20～27 頁。）

② 白蘿蔔丁：白蘿蔔洗淨，去皮，可切薄片或小丁。可浸泡於鹽水中較不易變色。

③ 紅蘿蔔丁：紅蘿蔔比較不容易煮熟，煮粥前建議先川燙，可縮短煮粥時間，紅蘿蔔可切成小丁，大小如圖 3。（紅蘿蔔刀工及處理請見 33 頁，蔬菜川燙請見 28 頁。）

④ 海帶末：熱量低，高纖維素，富飽足感。煮粥時，可切絲或切成碎末，若要給年長者或小孩食用，可煮軟爛些。（海帶末刀工及處理請見 44 頁。）

⑤ 豆腐：豆類為植物性蛋白質，適合蔬食者食用，可代替動物性蛋白質。煮粥時可切成小塊。

⑥ 乾香菇絲：乾香菇需先泡水，泡軟後，可切絲或切小丁，加入粥中，可增添香氣。（乾香菇絲刀工及處理請見 40 頁。）

⑦ 紅蔥酥：粥盛碗後，可撒上紅蔥酥，增添香氣及口感。

⑧ 鮮味炒手：可以鮮味炒手取代鹽，增添風味。

## 作法 METHOD

01 在電鍋內鍋中加入水 500ml，外鍋加水 500ml。

02 將飯放入內鍋中。

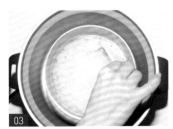

03 以飯匙將飯拌開。

**04**
蓋上鍋蓋，按下電鍋電源，煮 5 分鐘。

約5分

**05**
將飯煮至濃稠狀。

**06**
放入白蘿蔔塊、紅蘿蔔丁、乾香菇絲、海帶末及豆腐。

**07**
加入鮮味炒手。

**08**
將食材及調味料攪拌均勻。

約10分

**09**
蓋上鍋蓋，約煮 10 分鐘，將食材煮熟。

**10**
盛入碗中，撒上紅蔥酥，即可食用。

小撇步

1. 海帶及豆腐皆為營養價值極高的食材，適合蔬食者食用，若要給年長者食用，可將海帶煮軟爛些。

2. 白蘿蔔與紅蘿蔔可增添粥的甜味。

◆ 木耳豆腐粥

| | | | |
|---|---|---|---|
| 飯 | 約 300g | 芹菜末 | 1/2 茶匙 |
| 豆腐 | 30g | 調味料 | |
| 木耳 | 30g | 香菇湯塊 | 1/3 塊 |
| 紅蔥酥 | 1/2 茶匙 | | |

◆ 香菇豆腐粥

| | | | |
|---|---|---|---|
| 飯 | 約 300g | 蔥花 | 1/2 茶匙 |
| 豆腐 | 30g | 調味料 | |
| 香菇絲 | 20g | 鮮味炒手 | 1/2 茶匙 |
| 蝦米 | 10g | | |

◆ 四季豆豆腐粥

| | | | |
|---|---|---|---|
| 飯 | 約 300g | 芹菜末 | 1/2 茶匙 |
| 豆腐 | 30g | 調味料 | |
| 四季豆片 | 20g | 鮮味炒手 | 1/2 茶匙 |
| 紅蔥酥 | 1/2 茶匙 | | |

◆ 蘿蔔豆腐粥

| | | | |
|---|---|---|---|
| 飯 | 約 300g | 香菜末 | 1/2 茶匙 |
| 豆腐 | 30g | 調味料 | |
| 白蘿蔔塊 | 30g | 鮮味炒手 | 1/2 茶匙 |
| 紅蔥酥 | 1/2 茶匙 | | |

# 蝦米蘿蔔南瓜粥

– 台式稀飯 –

## 食材 INGREDIENT

① 飯 ............................ 約 300g
② 白蘿蔔塊 ..................... 30g
③ 火腿與三色豆 ................ 15g
④ 南瓜絲 ........................ 20g
⑤ 玉米筍片 ..................... 15g
⑥ 蔥花 ......................... ½ 茶匙
⑦ 蝦米 ......................... 10g

◆ 調味料
　　⑧ 鮮味炒手 .......... ½ 茶匙

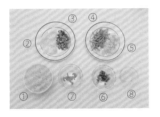

## 食材處理 PROCESS

① **飯**：煮粥前可先將米煮成飯，可縮短煮粥的時間。台式稀飯的飯無需煮太軟爛。（洗米煮飯請見 20 ～ 27 頁。）

② **白蘿蔔塊**：白蘿蔔洗淨，去皮，可切塊或薄片。煮粥時，加入白蘿蔔可增加粥的鮮甜度。

③ **火腿與三色豆**：可於超市購買冷凍蔬菜，加入粥中，變換口味。

④ **南瓜絲**：南瓜口感綿密，十分適合煮粥，也可增添粥的色澤。煮粥時，可切絲或切小丁。

⑤ **玉米筍片**：玉米筍洗淨，切成薄片，煮粥時可縮短時間，也可以玉米粒代替，變換口味。（玉米筍片刀工及處理請見 43 頁。）

⑥ **蔥花**：粥盛碗後，可撒上蔥花，增添香氣及口感。

⑦ **蝦米**：蝦米可增加粥的鮮味度，也可以蝦皮代替。蝦米洗淨後，須先泡水，泡軟後即可使用。

⑧ **鮮味炒手**：可以鮮味炒手取代鹽，增添風味。

## 水 WATER

水量／內鍋 500ml，外鍋 500ml

## 作法 METHOD

**01** 在電鍋內鍋中加入水 500ml，外鍋加水 500ml。

**02** 將飯放入內鍋中。

**03** 以飯匙將飯拌開。

04
蓋上鍋蓋，按下電鍋電源，
煮 5 分鐘。

05
將飯煮至濃稠狀。

06
放入玉米筍片、白蘿蔔塊、
南瓜絲、火腿與三色豆及
蝦米。

07
加入鮮味炒手。

08
將食材及調味料攪拌均勻。

09
蓋上鍋蓋，約煮 10 分鐘，
將食材煮熟。

10
盛入碗中，撒上蔥花，即可
食用。

----- 小 撇 步 -----

1. 利用超市賣的冷凍蔬菜，可以變化不同口味，火腿與三色豆也可以其他冷凍蔬菜代替。

2. 若不加入火腿及蝦米，此粥即為蔬食粥，也可以豆干或豆皮代替火腿，提供蔬食者參考。

◆ 金針菇南瓜粥

| | | | |
|---|---|---|---|
| 飯 | 約 300g | 芹菜末 | ½ 茶匙 |
| 南瓜絲 | 30g | 調味料 | |
| 金針菇 | 20g | 鮮味炒手 | ½ 茶匙 |
| 紅蔥酥 | ½ 茶匙 | | |

◆ 蝦米高麗菜南瓜粥

| | | | |
|---|---|---|---|
| 飯 | 約 300g | 紅蔥酥 | ½ 茶匙 |
| 南瓜絲 | 30g | 蔥花 | ½ 茶匙 |
| 高麗菜絲 | 20g | 調味料 | |
| 蝦米 | 10g | 鮮味炒手 | ½ 茶匙 |

◆ 山藥南瓜粥

| | | | |
|---|---|---|---|
| 飯 | 約 300g | 調味料 | |
| 南瓜絲 | 30g | 鮮味炒手 | ½ 茶匙 |
| 山藥丁 | 20g | | |
| 芹菜末 | ½ 茶匙 | | |

◆ 杏鮑菇南瓜粥

| | | | |
|---|---|---|---|
| 飯 | 約 300g | 香菜末 | ½ 茶匙 |
| 南瓜絲 | 30g | 調味料 | |
| 杏鮑菇丁 | 20g | 鮮味炒手 | ½ 茶匙 |
| 紅蔥酥 | ½ 茶匙 | | |

# 豆干馬鈴薯粥

- 台式稀飯 -

## 食材 INGREDIENT

① 飯 .......................... 300g
② 馬鈴薯丁 .................. 30g
③ 紅蘿蔔絲 .................. 30g
④ 薏仁 ........................ 30g
⑤ 豆干丁 ..................... 30g
⑥ 芹菜末 ............... ½ 茶匙
⑦ 蝦米 ........................ 10g

◆ 調味料
　 ⑧ 鮮味炒手 ........ ½ 茶匙

---

## 水 WATER

水量／內鍋 500ml，外鍋
500ml

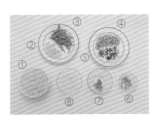

## 食材處理 PROCESS

① **飯**：煮粥前可先將米煮成飯，可縮短煮粥的時間。台式稀飯的飯無需煮太軟爛。（洗米煮飯請見 20～27 頁。）

② **馬鈴薯丁**：馬鈴薯切完後易變色，切完後可置於鹽水中，以保持原色。

③ **紅蘿蔔絲**：紅蘿蔔比較不容易煮熟，煮粥前建議先川燙，可縮短煮粥時間，紅蘿蔔可切成絲，大小如圖 3。（紅蘿蔔刀工及處理請見 33 頁，蔬菜川燙請見 28 頁。）

④ **薏仁**：薏仁不易熟，建議先煮熟後，再放入粥中，縮短煮粥時間。若喜歡軟爛的口感，薏仁可煮爛一點再加入粥中。

⑤ **豆干丁**：豆干可依個人喜好，切丁或切成條，亦可切成薄片。

⑥ **芹菜末**：粥盛碗後，可撒上芹菜末，增添香氣及口感。（芹菜末刀工及處理請見 36 頁。）

⑦ **蝦米**：加入蝦米可增添鮮味，亦可以蝦皮代替。

⑧ **鮮味炒手**：可以鮮味炒手取代鹽，增添風味，本食譜較清淡，若想口味鹹一些，可加 1 茶匙。

---

## ◀ 作 法 ▶
### METHOD

**01** 在電鍋內鍋中加入水 500ml，外鍋加水 500ml。

**02** 將飯放入內鍋中。

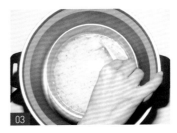

**03** 以飯匙將飯拌開。

04 蓋上鍋蓋，按下電鍋電源，煮 5 分鐘。

約 5 分

05 將飯煮至濃稠狀。

06 放入馬鈴薯丁、紅蘿蔔絲、薏仁、豆干丁。

07 加入鮮味炒手。

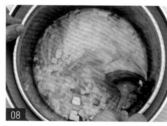

08 將食材及調味料攪拌均勻。

09 蓋上鍋蓋，煮 8 分鐘，將食材煮熟。

約 8 分

10 盛入碗中，撒上芹菜末，即可食用。

---- 小 撇 步 ----

1. 豆干是優良蛋白質，可以代替肉品，也可選擇其他種類的豆干代替，變化口味。

2. 馬鈴薯丁和薏仁可以增加飽足感，若不想吃太多澱粉，可自行取捨。

◆ 香菇豆干粥

| | | | |
|---|---|---|---|
| 飯 | 約 300g | 芹菜末 | 1/2 茶匙 |
| 豆干丁 | 30g | 調味料 | |
| 香菇絲 | 15g | 鮮味炒手 | 1/2 茶匙 |
| 紅蔥酥 | 1/2 茶匙 | | |

◆ 菜脯豆干粥

| | | | |
|---|---|---|---|
| 飯 | 約 300g | 蔥花 | 1/2 茶匙 |
| 豆干丁 | 30g | 調味料 | |
| 菜脯 | 20g | 鮮味炒手 | 1/2 茶匙 |
| 紅蔥酥 | 1/2 茶匙 | | |

◆ 豆干芋頭粥

| | | | |
|---|---|---|---|
| 飯 | 約 300g | 調味料 | |
| 豆干丁 | 30g | 鮮味炒手 | 1/2 茶匙 |
| 芋頭丁 | 20g | | |
| 芹菜末 | 1/2 茶匙 | | |

◆ 海帶豆干粥

| | | | |
|---|---|---|---|
| 飯 | 約 300g | 香菜末 | 1/2 茶匙 |
| 豆干丁 | 30g | 調味料 | |
| 海帶末 | 20g | 鮮味炒手 | 1/2 茶匙 |
| 紅蔥酥 | 1/2 茶匙 | | |

# 菜脯高麗菜粥

– 台式稀飯 –

## 食材 INGREDIENT

① 飯 _____ 約 300g
② 高麗菜絲 _____ 40g
③ 豆干條 _____ 30g
④ 菜脯 _____ 5g
⑤ 白蘿蔔丁 _____ 30g
⑥ 蔥花 _____ ½ 茶匙
⑦ 紅蔥酥 _____ ½ 茶匙

◆ 調味料

⑧ 鮮味炒手 _____ ½ 茶匙

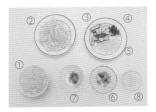

## 食材處理 PROCESS

① **飯**：煮粥前可先將米煮成飯，可縮短煮粥的時間。台式稀飯的飯無需煮太軟爛。（洗米煮飯請見 20～27 頁。）

② **高麗菜絲**：高麗菜較不易熟，切成絲，可縮短煮粥的時間，若想要軟爛的口感，可煮久一些。（高麗菜絲刀工及處理請見 37 頁。）

③ **豆干條**：豆干是優良的蛋白質，可代替肉類，可切丁或切成條狀。

④ **菜脯**：可依個人喜好切成小丁或細末，因菜脯已有鹹味，無須再加過多的鹽。（菜脯刀工及處理請見 43 頁。）

⑤ **白蘿蔔丁**：蘿蔔洗淨後，削皮，可切成小塊或小丁，粥中加入白蘿蔔可增添鮮甜口感。

⑥ **蔥花**、⑦ **紅蔥酥**：粥盛碗後，可撒上蔥花及紅蔥酥，增添香氣。

⑧ **鮮味炒手**：可以鮮味炒手取代鹽，增添風味。

## 水 WATER

水量／內鍋 500ml，外鍋 500ml

## 作法 METHOD

01 在電鍋內鍋中加入水 500ml，外鍋加水 500ml。

02 將飯放入內鍋中。

03 以飯匙將飯拌開。

04

蓋上鍋蓋，按下電鍋電源，煮 5 分鐘。

05

將飯煮至濃稠狀。

06

放入高麗菜絲、白蘿蔔丁、豆干條及菜脯。

07

加入鮮味炒手。

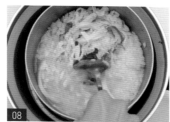

08

將食材及調味料攪拌均勻。

09

蓋上鍋蓋，約煮 10 分鐘，將食材煮熟。

10

盛入碗中，加入蔥花及紅蔥酥，即可食用。

---

小撇步

1. 豆干是優良的蛋白質，可代替肉類。高麗菜及白蘿蔔丁可增添粥鮮甜的口感，讓粥吃起來更清爽，菜脯已有鹹味，不喜歡太鹹者，可不加其他調味料。

2. 此粥適合五辛素者食用，若為全素者可不加蔥花及紅蔥酥。

◆ 菜脯馬鈴薯粥

| | | | |
|---|---|---|---|
| 飯 | 約 300g | 芹菜末 | 1/2 茶匙 |
| 菜脯 | 15g | 調味料 | |
| 馬鈴薯丁 | 30g | 鮮味炒手 | 1/2 茶匙 |
| 紅蔥酥 | 1/2 茶匙 | | |

◆ 菜脯金針菇粥

| | | | |
|---|---|---|---|
| 飯 | 約 300g | 蔥花 | 1/2 茶匙 |
| 菜脯 | 15g | 調味料 | |
| 金針菇 | 20g | 鮮味炒手 | 1/2 茶匙 |
| 紅蔥酥 | 1/2 茶匙 | | |

◆ 菜脯四季豆粥

| | | | |
|---|---|---|---|
| 飯 | 約 300g | 芹菜末 | 1/2 茶匙 |
| 菜脯 | 15g | 調味料 | |
| 四季豆片 | 30g | 鮮味炒手 | 1/2 茶匙 |

◆ 菜脯玉米筍粥

| | | | |
|---|---|---|---|
| 飯 | 約 300g | 香菜末 | 1/2 茶匙 |
| 菜脯 | 15g | 調味料 | |
| 玉米筍片 | 20g | 鮮味炒手 | 1/2 茶匙 |
| 紅蔥酥 | 1/2 茶匙 | | |

CHAPTER

3

廣式粥品

換粥底，
變化不一樣的口感與味道。

# 金針菇紅蘿蔔瘦肉粥

– 廣式粥品 –

## 食材 INGREDIENT

① 飯 ............................ 約 300g
② 金針菇 ........................ 20g
③ 紅蘿蔔絲 ...................... 20g
④ 豬肉絲 ........................ 40g
⑤ 芹菜末 ..................... ½ 茶匙

◆ 調味料

⑥ 鮮味炒手 ................. ½ 茶匙
⑦ 白胡椒粉 ................. ½ 茶匙

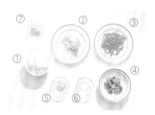

## 食材處理 PROCESS

① **飯**：煮粥前可先將米煮成飯，可縮短煮粥的時間。廣式粥品的飯可煮軟爛一些。（洗米煮飯請見 20 ～ 27 頁。）

② **金針菇**：金針菇可以其他蕈菇類代替，如鴻喜菇或雪白菇。（金針菇刀工及處理請見 40 頁。）

③ **紅蘿蔔絲**：紅蘿蔔比較不容易煮熟，煮粥前建議先川燙，可縮短煮粥時間，紅蘿蔔可切成絲，大小如圖 3。（紅蘿蔔刀工及處理請見 33 頁，蔬菜川燙請見 28 頁。）

④ **豬肉絲**：豬肉絲久煮會變硬、變老，最後再下鍋，約煮 1 分鐘，燙熟即可。

⑤ **芹菜末**、⑦ **白胡椒粉**：粥盛碗後，可撒上芹菜末和白胡椒粉，增添香氣及口感。（芹菜末刀工及處理請見 36 頁。）

⑥ **鮮味炒手**：可以鮮味炒手取代鹽，增添風味，本食譜較清淡，若想口味鹹一些，可加 1 茶匙。

## 水 WATER

水量／內鍋 600ml，外鍋 600ml

## 作法 METHOD

01 電鍋外鍋加入 600ml 的水。

02 將飯放入內鍋中。

03 將水加入內鍋中，約 600ml。

**04**

以湯匙將飯拌開。

**05**

讓飯粒均勻分布於水中。

約5分

**06**

蓋上鍋蓋，外鍋水較多時，可於鍋蓋邊塞衛生紙，將水蒸氣排出，按下電鍋電源，煮 5 分鐘。

**07**

將飯煮至濃稠狀後，打開鍋蓋，放入金針菇及紅蘿蔔絲。

**08**

加入鮮味炒手。

**09**

將食材及調味料攪拌均勻。

約10分

**10**

蓋上鍋蓋，約煮 10 分鐘，將食材煮至軟爛。

**11**

打開鍋蓋，加入豬肉絲。

**12**

將豬肉絲燙熟。

**13**

盛入碗中，撒上芹菜末及白胡椒粉，即可食用。

 小撇步

廣式粥品米粒及食材都需煮得非常軟爛，入口即化。

◆ 玉米筍瘦肉粥

| 飯 | 約 300g | 蔥花 | ½ 茶匙 |
|---|---|---|---|
| 豬肉絲 | 40g | 調味料 | |
| 玉米筍片 | 30g | 鮮味炒手 | ½ 茶匙 |
| 紅蔥酥 | ½ 茶匙 | | |

◆ 娃娃菜瘦肉粥

| 飯 | 約 300g | 蔥花 | ½ 茶匙 |
|---|---|---|---|
| 豬肉絲 | 40g | 調味料 | |
| 娃娃菜 | 30g | 鮮味炒手 | ½ 茶匙 |
| 紅蔥酥 | ½ 茶匙 | | |

◆ 海帶山藥瘦肉粥

| 飯 | 約 300g | 芹菜末 | ½ 茶匙 |
|---|---|---|---|
| 豬肉絲 | 40g | 調味料 | |
| 山藥丁 | 30g | 鮮味炒手 | ½ 茶匙 |
| 海帶末 | 20g | | |

◆ 豆皮鴻喜菇瘦肉粥

| 飯 | 約 300g | 紅蔥酥 | ½ 茶匙 |
|---|---|---|---|
| 豬肉絲 | 40g | 香菜末 | ½ 茶匙 |
| 豆皮絲 | 30g | 調味料 | |
| 鴻喜菇 | 20g | 鮮味炒手 | ½ 茶匙 |

recipe
O2

# 高麗菜蝦米瘦肉粥

– 廣式粥品 –

## 食材 INGREDIENT

① 飯 ⋯⋯⋯⋯⋯⋯ 約 300g
② 芋頭丁 ⋯⋯⋯⋯⋯ 25g
③ 蝦米 ⋯⋯⋯⋯⋯⋯ 10g
④ 高麗菜絲 ⋯⋯⋯⋯ 50g
⑤ 豬肉絲 ⋯⋯⋯⋯⋯ 40g

◆ 調味料
　⑥ 鮮味炒手 ⋯⋯ ½ 茶匙

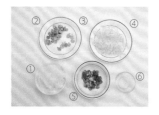

## 食材處理 PROCESS

① **飯**：煮粥前可先將米煮成飯，可縮短煮粥的時間。廣式粥品的飯可煮軟爛一些。（洗米煮飯請見 20～27 頁。）

② **芋頭丁**：芋頭買回後，洗淨，去皮，可切成小丁，煮粥時較容易熟，也可以馬鈴薯或南瓜代替，變化口味。

③ **蝦米**：煮前須先泡水，泡軟後即可使用，其可增添粥的鮮美，也可以蝦皮代替。

④ **高麗菜絲**：高麗菜洗淨後，切細絲，煮粥時可縮短時間。（高麗菜絲刀工及處理請見 37 頁。）

⑤ **豬肉絲**：可以牛肉絲或雞肉絲代替，變化口味。

⑥ **鮮味炒手**：可以鮮味炒手取代鹽，增添風味。

## 水 WATER

水量／內鍋 600ml，外鍋 600ml

## 作法 METHOD

01 電鍋外鍋加入 600ml 的水。

02 將飯放入內鍋中。

03 將水加入內鍋中，約 600ml。

以湯匙將飯拌開。

讓飯粒均勻分布於水中。

蓋上鍋蓋，外鍋水較多時，可於鍋蓋邊塞衛生紙，將水蒸氣排出，按下電鍋電源，煮5分鐘。

將飯煮至濃稠狀後，打開鍋蓋，放入高麗菜絲、芋頭丁及蝦米。

加入鮮味炒手。

將食材及調味料攪拌均勻。

蓋上鍋蓋，約煮10分鐘，將食材煮至軟爛。

打開鍋蓋，加入豬肉絲。

將豬肉絲燙熟。

盛入碗中，即可食用。

小撇步

高麗菜的甜味、蝦米的鮮美、芋頭丁的綿密口感，此三種食材合在一起，十分對味。

◆ 木耳薏仁瘦肉粥

| | | | | |
|---|---|---|---|---|
| 飯 | 約 300g | 紅蔥酥 | ½ 茶匙 |
| 豬肉絲 | 40g | 蔥花 | ½ 茶匙 |
| 木耳絲 | 20g | | |
| 薏仁 | 20g | 調味料 | |
| | | 鮮味炒手 | ½ 茶匙 |

◆ 金針菜南瓜瘦肉粥

| | | | | |
|---|---|---|---|---|
| 飯 | 約 300g | 蔥花 | ½ 茶匙 |
| 豬肉絲 | 40g | | |
| 南瓜丁 | 30g | 調味料 | |
| 金針菜 | 20g | 鮮味炒手 | ½ 茶匙 |

◆ 香菇玉米瘦肉粥

| | | | | |
|---|---|---|---|---|
| 飯 | 約 300g | 芹菜末 | ½ 茶匙 |
| 豬肉絲 | 40g | | |
| 香菇絲 | 20g | 調味料 | |
| 玉米粒 | 20g | 鮮味炒手 | ½ 茶匙 |

◆ 南瓜小米瘦肉粥

| | | | | |
|---|---|---|---|---|
| 飯 | 約 300g | 紅蔥酥 | ½ 茶匙 |
| 豬肉絲 | 40g | 香菜末 | ½ 茶匙 |
| 小米 | 30g | | |
| 南瓜丁 | 20g | 調味料 | |
| | | 鮮味炒手 | ½ 茶匙 |

# 滑蛋蘿蔔肉片粥

- 廣式粥品 -

## 食材 INGREDIENT

① 飯 _____ 約 300g
② 白蘿蔔塊 _____ 30g
③ 南瓜丁 _____ 30g
④ 豬肉片 _____ 40g
⑤ 紅蘿蔔丁 _____ 20g
⑥ 金針菇 _____ 20g
⑦ 蛋 _____ 1 顆
⑧ 蔥花 _____ ½ 茶匙
⑨ 乾香菇絲 _____ 5g

◆ 調味料

⑩ 鮮味炒手 _____ ½ 茶匙

## 水 WATER

水量／內鍋 600ml，外鍋 600ml

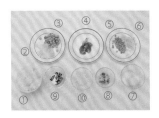

## 食材處理 PROCESS

① **飯**：煮粥前可先將米煮成飯，可縮短煮粥的時間。廣式粥品的飯可煮軟爛一些。（洗米煮飯請見 20 ～ 27 頁。）

② **白蘿蔔塊**：白蘿蔔洗淨後，去皮，可切成塊或小丁，切完後可至於鹽水中，較不易變色。

③ **南瓜丁**：南瓜洗淨後，去皮、去籽，可切成小丁或切絲，煮粥時可縮短時間，南瓜口感綿密，十分適合煮廣式粥品。

④ **豬肉片**：豬肉片可於超市購買，煮粥需買薄片，較易熟，若無薄片，買回可切成絲。（豬肉片刀工及處理請見 30 頁。）

⑤ **紅蘿蔔丁**：紅蘿蔔比較不容易煮熟，煮粥前建議先川燙，可縮短煮粥時間，紅蘿蔔可切成小丁，大小如圖 5。（紅蘿蔔刀工及處理請見 33 頁，蔬菜川燙請見 28 頁。）

⑥ **金針菇**：蕈菇類為高纖維質、低熱量食材，吃了不會增加身體負擔，也可以其他蕈菇類代替，如杏鮑菇或鴻喜菇。（金針菇刀工及處理請見 40 頁。）

⑦ **蛋**：廣式粥品常與蛋結合，蛋可增加粥品的滑順綿密口感，將蛋打散後加入，粥及會變成蛋黃色，色澤十分誘人。

⑧ **蔥花**：粥盛碗後，可撒上蔥花，增添香氣及口感。

⑨ **乾香菇絲**：乾香菇煮前須先泡水，泡軟後即可切絲，乾香菇絲有獨特的香氣，極適合煮粥。（乾香菇絲刀工及處理請見 40 頁。）

⑩ **鮮味炒手**：可以鮮味炒手取代鹽，增添風味。

## ‹ 作法 › METHOD

01 電鍋外鍋加入 600ml 的水。

02 將飯放入內鍋中。

03 將水加入內鍋中，約 600ml。

04 以湯匙將飯拌開。

05 讓飯粒均勻分布於水中。

約5分

06 蓋上鍋蓋,外鍋水較多時,可於鍋蓋邊塞衛生紙,將水蒸氣排出,按下電鍋電源,煮5分鐘。

07 將飯煮至濃稠狀後,打開鍋蓋,放入金針菇、紅蘿蔔丁、白蘿蔔塊、南瓜丁及乾香菇絲。

08 加入鮮味炒手。

09 將食材及調味料攪拌均勻。

約10分

10 蓋上鍋蓋,約煮10分鐘,將食材煮至軟爛。

11 打開鍋蓋,加入豬肉絲。

12 攪拌豬肉絲,將豬肉絲燙熟。

13 加入打散的蛋。

14 用湯匙將蛋攪拌均勻,並將蛋熟。

15 盛入碗中,撒上蔥花,即可食用。

◆ 鴻喜菇南瓜肉片粥

| 飯 | 約 300g | 紅蔥酥 | ½ 茶匙 |
|---|---|---|---|
| 豬肉片 | 40g | 蔥花 | ½ 茶匙 |
| 鴻喜菇 | 20g | **調味料** | |
| 南瓜絲 | 20g | 鮮味炒手 | ½ 茶匙 |

◆ 地瓜葉山藥肉片粥

| 飯 | 約 300g | 芹菜末 | ½ 茶匙 |
|---|---|---|---|
| 豬肉片 | 40g | **調味料** | |
| 地瓜葉 | 20g | 鮮味炒手 | ½ 茶匙 |
| 山藥丁 | 20g | | |

◆ 海帶豆皮肉片粥

| 飯 | 約 300g | 芹菜末 | ½ 茶匙 |
|---|---|---|---|
| 豬肉片 | 40g | **調味料** | |
| 海帶絲 | 20g | 鮮味炒手 | ½ 茶匙 |
| 豆皮絲 | 20g | | |

◆ 綠花菜花枝丸肉片粥

| 飯 | 約 300g | 紅蔥酥 | ½ 茶匙 |
|---|---|---|---|
| 豬肉片 | 40g | 香菜末 | ½ 茶匙 |
| 花枝丸丁 | 20g | **調味料** | |
| 綠花菜 | 20g | 香菇湯塊 | ⅓ 塊 |

---- 小撇步 ----

1. 白蘿蔔與紅蘿蔔可增添粥的鮮甜味。

2. 南瓜煮完後綿密細緻，極適合廣式粥品。

3. 廣式粥品常加入蛋，如皮蛋、鹹蛋或打散的生蛋，口感都非常獨特，十分順口。

# 娃娃菜鴻喜菇肉片粥

－廣式粥品－

## 食材 INGREDIENT

① 飯 ..................... 300g
② 豬肉片 ................. 40g
③ 娃娃菜 ................. 30g
④ 蔥花 ................. ½ 茶匙
⑤ 鴻喜菇 ................. 20g

◆ 調味料
  ⑥ 鮮味炒手 ........ ½ 茶匙

## 食材處理 PROCESS

① **飯**：煮粥前可先將米煮成飯，可縮短煮粥的時間。廣式粥品的飯可煮軟爛一些。（洗米煮飯請見 20～27 頁。）

② **豬肉片**：煮粥的肉片需要切薄一些，才容易煮熟，只需在起鍋前將肉片燙熟即可。（豬肉片刀工及處理請見 30 頁。）

③ **娃娃菜**：娃娃菜可切絲，煮粥時可縮短時間，亦可以其他蔬菜代替，如高麗菜或白菜。（娃娃菜刀工及處理請見 37 頁。）

④ **蔥花**：粥盛碗後，可撒上蔥花，增添香氣及口感。

⑤ **鴻喜菇**：蕈菇類在粥品中十分討喜，可以其他蕈菇類代替，如杏鮑菇或金針菇。

⑥ **鮮味炒手**：可以鮮味炒手取代鹽，增添風味。

---

## 水 WATER

水量／內鍋 600ml，外鍋 600ml

---

## 作法 METHOD

01 電鍋外鍋加入 600ml 的水。

02 將飯放入內鍋中。

03 將水加入內鍋中，約 600ml。

04

以湯匙將飯拌開。

05

讓飯粒均勻分布於水中。

約 5 分

06

蓋上鍋蓋，外鍋水較多時，可於鍋蓋邊塞衛生紙，將水蒸氣排出，按下電鍋電源，煮 5 分鐘。

07

將飯煮至濃稠狀後，打開鍋蓋，放入娃娃菜和鴻喜菇。

08

加入鮮味炒手。

09

將食材及調味料攪拌均勻。

約 10 分

10

蓋上鍋蓋，約煮 10 分鐘，將食材煮至軟爛。

11

打開鍋蓋，加入豬肉片。

12

將豬肉片燙熟。

13

盛入碗中，撒上蔥花，即可食用。

小撇步

娃娃菜為芥菜的一種，但無芥菜的苦味。煮粥時，可切成細絲，若喜歡軟爛，則可煮久一些。

◆ 海帶蟹肉棒肉片粥

| | | | | |
|---|---|---|---|---|
| 飯 | 約 300g | | 紅蔥酥 | ½ 茶匙 |
| 豬肉片 | 40g | | 蔥花 | ½ 茶匙 |
| 蟹肉棒 | 20g | | 調味料 | |
| 海帶絲 | 20g | | 蛤蜊湯塊 | ⅓ 塊 |

◆ 蝦米豆皮肉片粥

| | | | | |
|---|---|---|---|---|
| 飯 | 約 300g | | 芹菜末 | ½ 茶匙 |
| 豬肉片 | 40g | | 調味料 | |
| 蝦米 | 20g | | 鮮味炒手 | ½ 茶匙 |
| 豆皮絲 | 20g | | | |

◆ 竹筍薏仁肉片粥

| | | | | |
|---|---|---|---|---|
| 飯 | 約 300g | | 芹菜末 | ½ 茶匙 |
| 豬肉片 | 40g | | 調味料 | |
| 竹筍片 | 20g | | 鮮味炒手 | ½ 茶匙 |
| 薏仁 | 20g | | | |

◆ 綠花菜花枝丸肉片粥

| | | | | |
|---|---|---|---|---|
| 飯 | 約 300g | | 紅蔥酥 | ½ 茶匙 |
| 豬肉片 | 40g | | 香菜末 | ½ 茶匙 |
| 花枝丸丁 | 20g | | 調味料 | |
| 綠花菜 | 20g | | 香菇湯塊 | ⅓ 塊 |

# 南瓜薏仁豬肉粥

－廣式粥品－

## 食 材 INGREDIENT

① 飯 _____ 300g
② 豬絞肉 _____ 40g
③ 南瓜絲 _____ 30g
④ 蔥花 _____ ½ 茶匙
⑤ 薏仁 _____ 20g

◆ 調味料
　⑥ 鮮味炒手 _____ ½ 茶匙

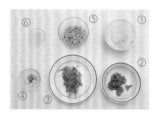

## 食材處理 PROCESS

① **飯**：煮粥前可先將米煮成飯，可縮短煮粥的時間。廣式粥品的飯可煮軟爛一些。（洗米煮飯請見 20 ～ 27 頁。）

② **豬絞肉**：絞肉較易熟，也比較軟嫩，適合年長者及小孩食用。

③ **南瓜絲**：南瓜口感綿密細緻，非常適合煮廣式粥品，切絲或切小丁都十分合宜。（南瓜刀工及處理請見 39 頁。）

④ **蔥花**：粥盛碗後，可撒上蔥花，增添香氣及口感。

⑤ **薏仁**：美白、消水腫，並且熱量低，是非常好的食材。薏仁洗淨後，先泡水，煮熟後，再加入粥中煮至軟爛、綿密。

⑥ **鮮味炒手**：可以鮮味炒手取代鹽，增添風味。

## 水 WATER

水量／內鍋 600ml，外鍋 600ml

## 作 法 METHOD

`01` 電鍋外鍋加入 600ml 的水。

`02` 將飯放入內鍋中。

`03` 將水加入內鍋中，約 600ml。

以湯匙將飯拌開。

讓飯粒均勻分布於水中。

約5分

蓋上鍋蓋，外鍋水較多時，可於鍋蓋邊塞衛生紙，將水蒸氣排出，按下電鍋電源，煮5分鐘。

將飯煮至濃稠狀後，打開鍋蓋，放入薏仁及南瓜絲。

加入鮮味炒手。

將食材及調味料攪拌均勻。

約10分

蓋上鍋蓋，約煮10分鐘，將食材煮至軟爛。

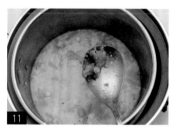
打開鍋蓋，加入豬絞肉。

將豬絞肉燙熟。

盛入碗中，撒上蔥花，即可食用。

---- 小撇步 ----

1. 薏仁熱量低，有飽足感，且有美白、利尿、消水腫等好處，夏天亦有消暑、解熱的功能。

2. 南瓜口感細緻綿密，熱量低，極適合年長者及小孩食用，加在粥中，增添鮮豔色澤。

◆ 海帶芋頭豬肉粥

| | | | |
|---|---|---|---|
| 飯 | 約 300g | 紅蔥酥 | ½ 茶匙 |
| 豬絞肉 | 40g | 蔥花 | ½ 茶匙 |
| 芋頭丁 | 20g | 調味料 | |
| 海帶絲 | 20g | 蛤蜊湯塊 | ⅓ 塊 |

◆ 香菇豆皮豬肉粥

| | | | |
|---|---|---|---|
| 飯 | 約 300g | 芹菜末 | ½ 茶匙 |
| 豬絞肉 | 40g | 調味料 | |
| 香菇絲 | 20g | 鮮味炒手 | ½ 茶匙 |
| 豆皮絲 | 20g | | |

◆ 芹菜馬鈴薯豬肉粥

| | | | |
|---|---|---|---|
| 飯 | 約 300g | 芹菜末 | ½ 茶匙 |
| 豬絞肉 | 40g | 調味料 | |
| 竹筍片 | 20g | 鮮味炒手 | ½ 茶匙 |
| 馬鈴薯丁 | 20g | | |

◆ 綠豆白蘿蔔肉片粥

| | | | |
|---|---|---|---|
| 飯 | 約 300g | 紅蔥酥 | ½ 茶匙 |
| 豬絞肉 | 40g | 香菜末 | ½ 茶匙 |
| 綠豆 | 20g | 調味料 | |
| 白蘿蔔塊 | 20g | 香菇湯塊 | ⅓ 塊 |

# 滑蛋竹筍木耳粥

– 廣式粥品 –

## 食材 INGREDIENT

① 飯 ..................... 約 300g
② 木耳絲 ................. 10g
③ 紅蘿蔔絲 ............... 10g
④ 竹筍絲 ................. 10g
⑤ 香菜末 ............. ½ 茶匙
⑥ 蛋 ..................... 1 顆

◆ 調味料
　⑦ 鮮雞精 ........... ½ 茶匙

## 水 WATER

水量／內鍋 600ml，外鍋 600ml

## 食材處理 PROCESS

① **飯**：煮粥前可先將米煮成飯，可縮短煮粥的時間。廣式粥品的飯可煮軟爛一些。（洗米煮飯請見 20 ～ 27 頁。）

② **木耳絲**：木耳洗淨後，切絲。木耳含膠原蛋白，熱量低，是非常好的食材。（木耳絲刀工及處理請見 40 頁。）

③ **紅蘿蔔絲**：紅蘿蔔比較不容易煮熟，煮粥前建議先川燙，可縮短煮粥時間，紅蘿蔔可切成絲，大小如圖 3。（紅蘿蔔刀工及處理請見 33 頁，蔬菜川燙請見 28 頁。）

④ **竹筍絲**：竹筍洗淨，去皮，切絲或切丁。（竹筍刀工及處理請見 35 頁。）

⑤ **香菜末**：粥盛碗後，可撒上香菜末，增添香氣及口感。（香菜末刀工及處理請見 36 頁。）

⑥ **蛋**：粥中加入攪拌均勻的生蛋，可增加滑潤口感及色澤，廣式粥品非常適合加入蛋，如皮蛋、鹹蛋等，都可讓粥增添美味及滑潤口感。

⑦ **鮮雞精**：可以鮮雞精代替鹽，增加粥的風味。

## ‹ 作法 › METHOD

**01** 電鍋外鍋加入 600ml 的水。

**02** 將飯放入內鍋中。

**03** 將水加入內鍋中，約 600ml。

**04**

以湯匙將飯拌開。

**05**

讓飯粒均勻分布於水中。

約 5 分

**06**

蓋上鍋蓋，外鍋水較多時，可於鍋蓋邊塞衛生紙，將水蒸氣排出，按下電鍋電源，煮 5 分鐘。

**07**

將飯煮至濃稠狀後，打開鍋蓋，放入木耳絲、竹筍絲及紅蘿蔔絲。

**08**

加入鮮雞精。

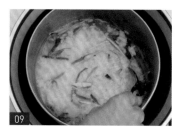

**09**

將食材及調味料攪拌均勻。

約 10 分

**10**

蓋上鍋蓋，約煮 10 分鐘，將食材煮至軟爛。

**11**

打開鍋蓋，加入打散的生蛋。

**12**

用湯匙將蛋攪拌均勻，並將蛋煮熟。

**13**

盛入碗中，撒上香菜，即可食用。

小 撇 步

廣式粥品常會加入蛋，皮蛋、鹹蛋或生蛋打散，都可加入粥中，各有其獨特的風味。

◆ 滑蛋豆苗山藥粥

| | | | | |
|---|---|---|---|---|
| 飯 | 約 300g | 蔥花 | ½ 茶匙 |
| 山藥丁 | 20g | **調味料** | |
| 豆苗 | 20g | 鮮雞精 | ½ 茶匙 |
| 蛋 | 1 顆 | | |
| 紅蔥酥 | ½ 茶匙 | | |

◆ 滑蛋蝦米高麗菜粥

| | | | | |
|---|---|---|---|---|
| 飯 | 約 300g | 芹菜末 | ½ 茶匙 |
| 蝦米 | 20g | **調味料** | |
| 高麗菜 | 20g | 鮮雞精 | ½ 茶匙 |
| 蛋 | 1 顆 | | |

◆ 滑蛋玉米豆皮粥

| | | | | |
|---|---|---|---|---|
| 飯 | 約 300g | 香菜末 | ½ 茶匙 |
| 玉米粒 | 20g | **調味料** | |
| 豆皮 | 20g | 鮮雞精 | ½ 茶匙 |
| 蛋 | 1 顆 | | |

◆ 滑蛋菜脯豆干粥

| | | | | |
|---|---|---|---|---|
| 飯 | 約 300g | 香菜末 | ½ 茶匙 |
| 菜脯 | 20g | **調味料** | |
| 豆干丁 | 20g | 鮮雞精 | ½ 茶匙 |
| 蛋 | 1 顆 | | |
| 紅蔥酥 | ½ 茶匙 | | |

# 絲瓜蟹肉棒
# 花枝丸粥

− 廣式粥品 −

## 食材 INGREDIENT

① 飯 ..................... 300g
② 絲瓜塊 .............. 60g
③ 花枝丸丁 ........... 30g
④ 香菜末 ........ ½ 茶匙
⑤ 蟹肉棒 .............. 20g

◆ 調味料
⑥ 蛤蜊湯塊 ......... ⅓ 塊

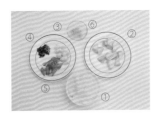

## 食材處理 PROCESS

① **飯**：煮粥前可先將米煮成飯，可縮短煮粥的時間。廣式粥品的飯可煮軟爛一些。（洗米煮飯請見 20～27 頁。）

② **絲瓜塊**：洗淨，去皮，切塊。（絲瓜刀工及處理請見 38 頁。）

③ **花枝丸丁**：可於超市買花枝丸，沖洗後，切成丁或薄片。也可以貢丸或魚丸代替，變換口味。

④ **香菜末**：粥盛碗後，可撒上香菜末，增添香氣及口感。（香菜末刀工及處理請見 36 頁。）

⑤ **蟹肉棒**：蟹肉棒可切成小塊，或以手絲開成小絲狀。（蟹肉棒刀工及處理請見 45 頁。）

⑥ **蛤蜊湯塊**：以蛤蜊湯塊代替鹽，可增添粥的風味。

## 水 WATER

水量／內鍋 600ml，外鍋 600ml

## 作法 METHOD

`01` 電鍋外鍋加入 600ml 的水。

`02` 將飯放入內鍋中。

`03` 將水加入內鍋中，約 600ml。

04 以湯匙將飯拌開。

05 讓飯粒均勻分布於水中。

06 蓋上鍋蓋，外鍋水較多時，可於鍋蓋邊塞衛生紙，將水蒸氣排出，按下電鍋電源，煮 5 分鐘。

約 5 分

07 將飯煮至濃稠狀後，打開鍋蓋，放入絲瓜塊、花枝丸及蟹肉棒。

08 加入蛤蜊湯塊。

09 將食材及調味料攪拌均勻。

10 蓋上鍋蓋，約煮 10 分鐘，將食材煮至軟爛。

約 10 分

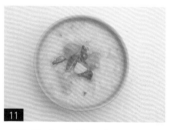

11 盛入碗中，即可食用。

小撇步

蟹肉棒與花枝丸為海鮮口味，加入蛤蜊湯塊非常對味，此食材也很適合與絲瓜搭配。

◆ 玉米筍蟹肉棒粥

| | | | |
|---|---|---|---|
| 飯 | 約 300g | 蔥花 | ½ 茶匙 |
| 蟹肉棒 | 30g | 調味料 | |
| 玉米筍 | 20g | 鮮味炒手 | ½ 茶匙 |
| 紅蔥酥 | ½ 茶匙 | | |

◆ 蝦米白蘿蔔蟹肉棒粥

| | | | |
|---|---|---|---|
| 飯 | 約 300g | 芹菜末 | ½ 茶匙 |
| 蟹肉棒 | 30g | 調味料 | |
| 蝦米 | 20g | 鮮味炒手 | ½ 茶匙 |
| 白蘿蔔丁 | 20g | | |

◆ 芋頭蟹肉棒粥

| | | | |
|---|---|---|---|
| 飯 | 約 300g | 調味料 | |
| 蟹肉棒 | 30g | 鮮味炒手 | ½ 茶匙 |
| 芋頭丁 | 20 | | |
| 香菜末 | ½ 茶匙 | | |

◆ 薏仁蟹肉棒粥

| | | | |
|---|---|---|---|
| 飯 | 約 300g | 香菜末 | ½ 茶匙 |
| 蟹肉棒 | 30g | 調味料 | |
| 薏仁 | 20g | 香菇湯塊 | ⅓ 塊 |
| 紅蔥酥 | ½ 茶匙 | | |

# 高麗菜香菇粥

－廣式粥品－

## 食材 INGREDIENT

① 飯　　　　　　　300g
② 高麗菜絲　　　　 40g
③ 紅蘿蔔丁　　　　 20g
④ 香菇片　　　　　 10g
⑤ 芹菜末　　　 ½ 茶匙

◆ 調味料
　⑥ 鮮雞精　　　 ½ 茶匙
　⑦ 白胡椒粉　　 ½ 茶匙

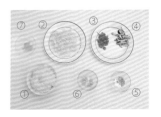

## 食材處理 PROCESS

① **飯**：煮粥前可先將米煮成飯，可縮短煮粥的時間。廣式粥品的飯可煮軟爛一些。（洗米煮飯請見 20～27 頁。）

② **高麗菜絲**：高麗菜洗淨後，切細絲，煮粥可縮短時間。也可以其他菜類代替，如小白菜或地瓜葉等。（高麗菜絲刀工及處理請見 37 頁。）

③ **紅蘿蔔丁**：紅蘿蔔比較不容易煮熟，煮粥前建議先川燙，可縮短煮粥時間，紅蘿蔔可切成小丁，大小如圖 3。（紅蘿蔔刀工及處理請見 33 頁，蔬菜川燙請見 28 頁。）

④ **香菇片**：生香菇買回後，洗淨，可切絲或切片。也可以其他蕈菇類代替，如金針菇或鴻喜菇。（香菇片刀工及處理請見 39 頁。）

⑤ **芹菜末**、⑦ **白胡椒粉**：粥盛碗後，可撒上芹菜末及白胡椒粉，增添香氣及口感。（芹菜末刀工及處理請見 36 頁。）

⑥ **鮮雞精**：可以鮮雞精取代鹽，增添風味。

## 水 WATER

水量／內鍋 600ml，外鍋 600ml

## 作法 METHOD

01 電鍋外鍋加入 600ml 的水。

02 將飯放入內鍋中。

03 將水加入內鍋中，約 600ml。

04
以湯匙將飯拌開。

05
讓飯粒均勻分布於水中。

約5分

06
蓋上鍋蓋，外鍋水較多時，可於鍋蓋邊塞衛生紙，將水蒸氣排出，按下電鍋電源，煮5分鐘。

07
將飯煮至濃稠狀後，打開鍋蓋，放入高麗菜絲、香菇片及紅蘿蔔丁。

08
加入鮮雞精。

09
將食材及調味料攪拌均勻。

約10分

10
蓋上鍋蓋，約煮10分鐘，將食材煮至軟爛。

11
盛入碗中，撒上芹菜末及白胡椒粉，即可食用。

小撇步

此粥為蔬食粥，若想攝取蛋白質，也可加入肉類或豆類。

◆ 木耳豆芽粥

| 飯 | 約 300g | 蔥花 | ½ 茶匙 |
| 豆芽 | 30g | 調味料 | |
| 木耳絲 | 30g | 鮮味炒手 | ½ 茶匙 |
| 紅蔥酥 | ½ 茶匙 | | |

◆ 蝦米蘿蔔粥

| 飯 | 約 300g | 調味料 | |
| 蝦米 | 15g | 鮮味炒手 | ½ 茶匙 |
| 白蘿蔔丁 | 30g | | |
| 芹菜末 | ½ 茶匙 | | |

◆ 金針菇蟹肉棒粥

| 飯 | 約 300g | 調味料 | |
| 金針菇 | 30g | 鮮味炒手 | ½ 茶匙 |
| 蟹肉棒 | 30g | | |
| 香菜末 | ½ 茶匙 | | |

◆ 地瓜綠豆粥

| 飯 | 約 300g | 香菜末 | ½ 茶匙 |
| 地瓜丁 | 30g | 調味料 | |
| 綠豆 | 30g | 鮮味炒手 | ½ 茶匙 |
| 紅蔥酥 | ½ 茶匙 | | |

# 鴻喜菇地瓜粥

－ 廣式粥品 －

## 食 材 INGREDIENT

① 飯 ............................ 約 300g
② 鴻喜菇 ......................... 30g
③ 地瓜丁 ......................... 30g
④ 香鬆 ....................... ½ 茶匙

◆ 調味料
　⑤ 鮮味炒手 ............. ½ 茶匙

## 食材處理 PROCESS

① 飯：煮粥前可先將米煮成飯，可縮短煮粥的時間。廣式粥品的飯可煮軟爛一些。（洗米煮飯請見 20 ～ 27 頁。）

② 鴻喜菇：鴻喜菇為常見蕈菇類，洗淨後切成小段即可，也可以金針菇或雪白菇代替。

③ 地瓜丁：地瓜洗淨，削皮，切成小丁或切成絲。也可以馬鈴薯或山藥代替。

④ 香鬆：粥盛碗後，可撒上香鬆，增添香氣及口感。

⑤ 鮮味炒手：可以鮮味炒手取代鹽，增添風味。

## 水 WATER

水量／內鍋 600ml，外鍋 600ml

## 作 法 METHOD

01
電鍋外鍋加入 600ml 的水。

02
將飯放入內鍋中。

03
將水加入內鍋中，約 600ml。

04

以湯匙將飯拌開。

05

讓飯粒均勻分布於水中。

06
約5分

蓋上鍋蓋,外鍋水較多時,可於鍋蓋邊塞衛生紙,將水蒸氣排出,按下電鍋電源,煮5分鐘。

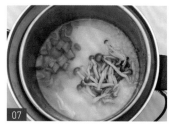
07

將飯煮至濃稠狀後,打開鍋蓋,放入地瓜丁及鴻喜菇。

08

加入鮮味炒手。

09

將食材及調味料攪拌均勻。

10
約10分

蓋上鍋蓋,約煮10分鐘,將食材煮至軟爛。

11

打開鍋蓋,食材煮熟,並已軟爛。

12

盛入碗中,撒上香鬆,即可食用。

小撇步

地瓜煮熟後口感軟嫩,帶點甜味,撒上香鬆後,又是別有一番獨特口感。

# 皮蛋金針菇南瓜粥

- 廣式粥品 -

## 食材 INGREDIENT

① 飯 ............................. 約 300g
② 金針菇 ....................... 30g
③ 紅蘿蔔絲 ................... 30g
④ 南瓜丁 ....................... 30g
⑤ 豆皮絲 ....................... 30g
⑥ 香菜末 .................. ½ 茶匙
⑦ 皮蛋 ........................ 1 顆

◆ 調味料

⑧ 鮮味炒手 ........... ½ 茶匙

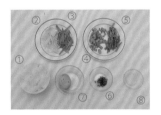

## 食材處理 PROCESS

① **飯**：煮粥前可先將米煮成飯，可縮短煮粥的時間。廣式粥品的飯可煮軟爛一些。（洗米煮飯請見 20 ～ 27 頁。）

② **金針菇**：金針菇可以其他蕈菇類代替，如鴻喜菇或雪白菇。

③ **紅蘿蔔絲**：紅蘿蔔比較不容易煮熟，煮粥前建議先川燙，可縮短煮粥時間，紅蘿蔔可切成絲，大小如圖 3。（紅蘿蔔刀工及處理請見 33 頁，蔬菜川燙請見 28 頁。）

④ **南瓜丁**：南瓜洗淨，去皮，去籽，可切小丁或切絲。（南瓜丁刀工及處理請見 39 頁。）

⑤ **豆皮絲**：豆皮煮前須泡水，泡軟後，可切小塊或切絲。（豆皮絲刀工及處理請見 44 頁。）

⑥ **香菜末**：粥盛碗後，可撒上香菜末，增添香氣及口感。（香菜末刀工及處理請見 36 頁。）

⑦ **皮蛋**：廣式粥品常見皮蛋，皮蛋切開，加入粥中，與粥融合後，口感滑順、綿密、細緻，可謂極品。（皮蛋刀工及處理請見 41 頁。）

⑧ **鮮味炒手**：可以鮮味炒手取代鹽，增添風味。

## 水 WATER

水量／內鍋 600ml，外鍋 600ml

---

## 作法 METHOD

01 電鍋外鍋加入 600ml 的水。

02 將飯放入內鍋中。

03 將水加入內鍋中，約 600ml。

04
以湯匙將飯拌開。

05
讓飯粒均勻分布於水中。

約5分

06
蓋上鍋蓋，外鍋水較多時，可於鍋蓋邊塞衛生紙，將水蒸氣排出，按下電鍋電源，煮5分鐘。

07
將飯煮至濃稠狀後，打開鍋蓋，放入南瓜丁、豆皮絲、金針菇及紅蘿蔔絲。

08
加入鮮味炒手。

09
將食材及調味料攪拌均勻。

約10分

10
蓋上鍋蓋，約煮10分鐘，將食材煮至軟爛。

11
打開鍋蓋，加入切好的皮蛋。

12
以湯匙攪拌，約煮1分鐘。

13
攪拌至皮蛋與粥融合。

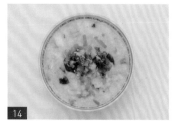

14
盛入碗中，撒上香菜末，即可食用。

小撇步

各式廣式粥品皆可加入皮蛋，其風味絕佳。

◆ 皮蛋玉米筍蘿蔔粥

| | | | |
|---|---|---|---|
| 飯 | 約 300g | 紅蔥酥 | ½ 茶匙 |
| 玉米筍片 | 20g | 蔥花 | ½ 茶匙 |
| 白蘿蔔丁 | 30g | 調味料 | |
| 皮蛋 | 1 顆 | 鮮味炒手 | ½ 茶匙 |

◆ 皮蛋蝦米豆苗粥

| | | | |
|---|---|---|---|
| 飯 | 約 300g | 皮蛋 | 1 顆 |
| 豆苗 | 30g | 紅蔥酥 | ½ 茶匙 |
| 蝦米 | 15g | 芹菜末 | ½ 茶匙 |
| 香菇絲 | 30g | 調味料 | |
| | | 鮮味炒手 | ½ 茶匙 |

◆ 皮蛋娃娃菜蘿蔔粥

| | | | |
|---|---|---|---|
| 飯 | 約 300g | 香菜末 | ½ 茶匙 |
| 娃娃菜絲 | 30g | 調味料 | |
| 紅蘿蔔丁 | 20g | 鮮味炒手 | ½ 茶匙 |
| 皮蛋 | 1 顆 | | |

◆ 皮蛋綠豆竹筍粥

| | | | |
|---|---|---|---|
| 飯 | 約 300g | 紅蔥酥 | ½ 茶匙 |
| 綠豆 | 30g | 香菜末 | ½ 茶匙 |
| 竹筍片 | 30g | 調味料 | |
| 皮蛋 | 1 顆 | 鮮味炒手 | ½ 茶匙 |

# 豆皮玉米筍粥

- 廣式粥品 -

## 食 材 INGREDIENT

① 飯 ⋯⋯⋯⋯⋯ 約 300g
② 鴻喜菇 ⋯⋯⋯⋯ 20g
③ 海帶末 ⋯⋯⋯⋯ 20g
④ 豆皮絲 ⋯⋯⋯⋯ 20g
⑤ 玉米筍片 ⋯⋯⋯ 20g
⑥ 蔥花 ⋯⋯⋯ ½ 茶匙
⑦ 紅蔥酥 ⋯⋯ ½ 茶匙

◆ 調味料

⑧ 鮮味炒手 ⋯ ½ 茶匙

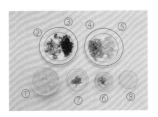

## 食材處理 PROCESS

① **飯**：煮粥前可先將米煮成飯，可縮短煮粥的時間。廣式粥品的飯可煮軟爛一些。（洗米煮飯請見 20 ～ 27 頁。）

② **鴻喜菇**：可以其他蕈菇類代替，如金針菇或雪白菇。蕈菇類熱量低，有飽足感，並富含豐富纖維質。

③ **海帶末**：海帶洗淨，可切絲或切碎末，海帶營養價值高，並含高纖維質。（海帶末刀工及處理請見 44 頁。）

④ **豆皮絲**：豆類為植物性蛋白質，可取代肉類，非常適合蔬食者食用，也可以豆干或豆腐代替。（豆皮絲刀工及處理請見 44 頁。）

⑤ **玉米筍片**：煮粥時，可將玉米筍切成薄片，可縮短煮粥時間，亦可以玉米粒代替，變換口味。（玉米筍片刀工及處理請見 43 頁。）

⑥ **蔥花**、⑦ **紅蔥酥**：粥盛碗後，可撒上蔥花及紅蔥酥，也可以蔥花代替，增添香氣及口感。

⑧ **鮮味炒手**：可以鮮味炒手取代鹽，增添風味。

## 水 WATER

水量／內鍋 600ml，外鍋 600ml

## 作 法 METHOD

01 電鍋外鍋加入 600ml 的水。

02 將飯放入內鍋中。

03 將水加入內鍋中，約 600ml。

以湯匙將飯拌開。

讓飯粒均勻分布於水中。

約5分
蓋上鍋蓋，外鍋水較多時，可於鍋蓋邊塞衛生紙，將水蒸氣排出，按下電鍋電源，煮5分鐘。

將飯煮至濃稠狀後，打開鍋蓋，放入海帶末、豆皮絲、玉米筍片及鴻喜菇。

加入鮮味炒手。

將食材及調味料攪拌均勻。

約10分
蓋上鍋蓋，約煮10分鐘，將食材煮至軟爛。

盛入碗中，撒上蔥花與紅蔥酥，即可食用。

小撇步

此粥為蔬食粥，以豆皮代替肉類，亦可以豆干或豆腐替換，蕈菇類與海帶富飽足感，熱量低，又幫助腸胃蠕動，十分適合愛美的女性食用。

◆ 菜脯貢丸粥

| | | | | |
|---|---|---|---|---|
| 飯 | 約 300g | | 芹菜末 | 1/2 茶匙 |
| 菜脯 | 20g | | 調味料 | |
| 貢丸丁 | 30g | | 鮮味炒手 | 1/2 茶匙 |
| 紅蔥酥 | 1/2 茶匙 | | | |

◆ 海帶南瓜粥

| | | | | |
|---|---|---|---|---|
| 飯 | 約 300g | | 紅蔥酥 | 1/2 茶匙 |
| 南瓜丁 | 30g | | 香鬆 | 1/2 茶匙 |
| 海帶絲 | 20g | | 調味料 | |
| 香菇絲 | 30g | | 　鮮味炒手 | 1/2 茶匙 |

◆ 木耳金針菇薏仁粥

| | | | | |
|---|---|---|---|---|
| 飯 | 約 300g | | 香菜末 | 1/2 茶匙 |
| 木耳絲 | 30g | | 調味料 | |
| 金針菇 | 30g | | 　鮮味炒手 | 1/2 茶匙 |
| 薏仁 | 20g | | | |

◆ 香菇豆干粥

| | | | | |
|---|---|---|---|---|
| 飯 | 約 300g | | 香菜末 | 1/2 茶匙 |
| 香菇絲 | 20g | | 調味料 | |
| 豆干丁 | 30g | | 　香菇湯塊 | 1/3 塊 |
| 紅蔥酥 | 1/2 茶匙 | | | |

# 蝦米高麗菜粥

− 廣式粥品 −

## 食 材 INGREDIENT

① 飯　　　　　　　約 300g
② 紅蘿蔔絲　　　　　20g
③ 貢丸丁　　　　　　20g
④ 馬鈴薯片　　　　　35g
⑤ 高麗菜絲　　　　　45g
⑥ 香菜末　　　　½ 茶匙
⑦ 蝦米　　　　　　　10g

◆ 調味料
　⑧ 鮮味炒手　　½ 茶匙

## 水 WATER

水量／內鍋 600ml，外鍋 600ml

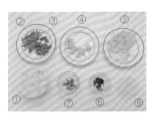

## 食材處理 PROCESS

① **飯**：煮粥前可先將米煮成飯，可縮短煮粥的時間。廣式粥品的飯可煮軟爛一些。（洗米煮飯請見 20～27 頁。）

② **紅蘿蔔絲**：紅蘿蔔比較不容易煮熟，煮粥前建議先川燙，可縮短煮粥時間，紅蘿蔔可切成絲，大小如圖 2。（紅蘿蔔刀工及處理請見 33 頁，蔬菜川燙請見 28 頁。）

③ **貢丸丁**：可將貢丸切成小丁，可縮短煮粥的時間。也可以花枝丸或魚丸代替，變換口味。

④ **馬鈴薯片**：馬鈴薯洗淨，去皮，可切丁或切薄片，可縮短煮粥時間。也可以山藥或芋頭代替。

⑤ **高麗菜絲**：高麗菜洗淨後，切成細絲。也可以其他菜類代替。（高麗菜絲刀工及處理請見 37 頁。）

⑥ **香菜末**：粥盛碗後，可撒上香菜，增添香氣及口感。（香菜末刀工及處理請見 36 頁。）

⑦ **蝦米**：蝦米洗淨後，需先泡水，泡軟後即可使用。也可以蝦皮代替。

⑧ **鮮味炒手**：可以鮮味炒手取代鹽，增添風味。

## 作 法 METHOD

**01** 電鍋外鍋加入 600ml 的水。

**02** 將飯放入內鍋中。

**03** 將水加入內鍋中，約 600ml。

04

以湯匙將飯拌開。

05

讓飯粒均勻分布於水中。

約5分

06

蓋上鍋蓋，外鍋水較多時，可於鍋蓋邊塞衛生紙，將水蒸氣排出，按下電鍋電源，煮5分鐘。

07

將飯煮至濃稠狀後，打開鍋蓋，放入高麗菜絲、紅蘿蔔絲、貢丸、馬鈴薯片及蝦米。

08

加入鮮味炒手。

09

將食材及調味料攪拌均勻。

約10分

10

蓋上鍋蓋，約煮10分鐘，將食材煮熟。

11

盛入碗中，加入香菜末，即可食用。

小撇步

也可以豆干或豆皮代替貢丸，不加蝦米即可成為蔬食粥。

◆ 南瓜豆腐粥

| 飯 | 約 300g | 芹菜末 | 1/2 茶匙 |
| 南瓜絲 | 30g | 調味料 | |
| 豆腐 | 30g | 鮮味炒手 | 1/2 茶匙 |
| 紅蔥酥 | 1/2 茶匙 | | |

◆ 鴻喜菇山藥粥

| 飯 | 約 300g | 紅蔥酥 | 1/2 茶匙 |
| 鴻喜菇 | 30g | 香鬆 | 1/2 茶匙 |
| 山藥丁 | 30g | 調味料 | |
| 香菇絲 | 20g | 鮮味炒手 | 1/2 茶匙 |

◆ 蝦米杏鮑菇薏仁粥

| 飯 | 約 300g | 香菜末 | 1/2 茶匙 |
| 杏鮑菇丁 | 30g | 調味料 | |
| 蝦米 | 15g | 鮮味炒手 | 1/2 茶匙 |
| 薏仁 | 20g | | |

◆ 魪仔魚豆皮粥

| 飯 | 約 300g | 香菜末 | 1/2 茶匙 |
| 魪仔魚 | 20g | 調味料 | |
| 豆皮絲 | 30g | 香菇湯塊 | 1/3 塊 |
| 紅蔥酥 | 1/2 茶匙 | | |

CHAPTER

4

配
菜

用電鍋，
也能烹調出美味的配菜。

# 小白菜

– 配菜 –

## 食 材 INGREDIENT

① 小白菜 ..................... 50g
② 油 ..................... 1 茶匙

◆ 調味料

③ 鹽 ..................... ½ 茶匙
④ 醬油膏 ..................... ½ 茶匙

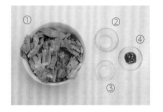

## 食材處理 PROCESS

① 小白菜：小白菜極易熟，只要川燙一下即可。也可以其他葉菜類代替，如地瓜葉等。

② 油：可用沙拉油或其他食用油。

③ 鹽、④ 醬油膏：可以其他調味料代替，例如醬油。

## 水 WATER

水量／內鍋 500ml，外鍋 600ml

## 作 法
METHOD

**01** 外鍋加入 600ml 的水，內鍋加入 500ml 的水。

**02** 打開電鍋開關，將內鍋水煮滾。

**03** 在內鍋加入油。

**04** 內鍋水滾後，加入小白菜。

**05** 約煮 2 分鐘，將小白菜燙熟。

**06** 加入鹽調味。

**07** 盛盤後，可淋上醬油膏。

**08** 即可食用。

葉菜類皆可以此方式燙熟食用，如地瓜葉、萵苣等。

◆ 地瓜葉

地瓜葉 ……………………………………………………………… 50g
油 …………………………………………………………………… 1 茶匙

調味料
鹽 ……………………………………………………………… ½ 茶匙

◆ 茼蒿

茼蒿 ………………………………………………………………… 50g
油 …………………………………………………………………… 1 茶匙

調味料
鹽 ……………………………………………………………… ½ 茶匙

◆ 高麗菜

高麗菜 ……………………………………………………………… 50g
油 …………………………………………………………………… 1 茶匙

調味料
鹽 ……………………………………………………………… ½ 茶匙

◆ 豆苗

豆苗 ………………………………………………………………… 50g
油 …………………………………………………………………… 1 茶匙

調味料
鹽 ……………………………………………………………… ½ 茶匙

# 紅蘿蔔綠花菜

－ 配菜 －

## 食 材 INGREDIENT

① 綠花菜 ⟨⟩ 30g
② 紅蘿蔔片 ⟨⟩ 20g
③ 綠花菜梗 ⟨⟩ 20g
④ 油 ⟨⟩ 1 茶匙

◆ 調味料

⑤ 鹽 ⟨⟩ ½ 茶匙
⑥ 醬油膏 ⟨⟩ ½ 茶匙

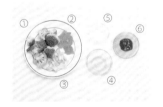

## 食材處理 PROCESS

① **綠花菜**：綠花菜燙熟的時間比葉菜類久，若要軟爛的口感，則需要更長一些的時間。（綠花菜刀工及處理請見 42 頁。）

② **紅蘿蔔片**：紅蘿蔔較不易熟，故切成小丁或細絲可以縮短煮的時間。

③ **綠花菜梗**：綠花菜梗較不易熟，故可將其切下，切成小塊或薄片，可縮短煮的時間。

④ **油**：可用沙拉油或其他食用油。

⑤ **鹽**、⑥ **醬油膏**：可以其他調味料代替，例如醬油。

## 水 WATER

水量／內鍋 500ml，外鍋 600ml

## 作 法
### METHOD

**01**
外鍋加入 600ml 的水，內鍋加入 500ml 的水。

**02**
打開電鍋開關，將內鍋水煮滾。

**03**
在內鍋加入油。

内鍋水滾後,加入綠花菜、紅蘿蔔片與綠花菜梗。

約煮 5 分鐘,將綠花菜、紅蘿蔔片與綠花菜梗燙熟。

燙熟後將綠花菜、紅蘿蔔片與綠花菜梗撈起。

盛盤後,可淋上醬油膏。

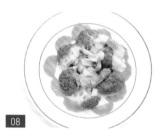

即可食用。

 小撇步

1. 綠花菜較不易熟,需燙久一些。若想要軟爛一些,則色澤就會比較暗一些。若希望色澤翠綠些,則口感會比較硬、比較脆。可以個人喜好斟酌。

2. 可以白色花菜代替,白色花菜較無色澤問題,口感軟爛或清脆可以個人喜好斟酌。

◆ 青豆白花菜

| | |
|---|---|
| 白花菜 | 50g |
| 青豆 | 20g |
| 白花菜梗 | 20g |
| 油 | 1 茶匙 |

調味料
| | |
|---|---|
| 鹽 | ½ 茶匙 |

◆ 海帶馬鈴薯

| | |
|---|---|
| 馬鈴薯丁 | 50g |
| 海帶 | 20g |
| 油 | 1 茶匙 |

調味料
| | |
|---|---|
| 鹽 | ½ 茶匙 |

◆ 木耳絲瓜

| | |
|---|---|
| 絲瓜塊 | 50g |
| 木耳絲 | 20g |
| 油 | 1 茶匙 |

調味料
| | |
|---|---|
| 鹽 | ½ 茶匙 |

◆ 金針菇筍乾

| | |
|---|---|
| 金針菇 | 20g |
| 筍乾 | 50g |
| 油 | 1 茶匙 |

調味料
| | |
|---|---|
| 鹽 | ½ 茶匙 |

# 蛤蜊高麗菜

－配菜－

## 食 材 INGREDIENT

① 高麗菜 _____ 50g
② 蛤蜊 _____ 30g
③ 薑絲 _____ 15g

◆ 調味料
　④ 蔥花　　½ 茶匙
　⑤ 鮮味炒手　½ 茶匙

## 食材處理 PROCESS

① **高麗菜**：高麗菜較不易熟，燙的時間較長些，若想要軟爛的口感，可再煮久一些。

② **蛤蜊**：可以其他海鮮類代替，如蝦仁或花枝。

③ **薑絲**：薑絲可去腥，常與海鮮類同煮，如蛤蜊或魚片等。

④ **蔥花**：菜盛盤後，可撒上蔥花，增添香氣及口感。

⑤ **鮮味炒手**：可以鮮味炒手代替鹽，增添風味。

## 水 WATER

水量／內鍋 500ml，外鍋 600ml

## 作 法 METHOD

01
外鍋加入 600ml 的水，打開電鍋開關，將外鍋水煮滾，放入內鍋。

02
以手將高麗菜葉剝成小塊，放入內鍋中。

03
加入蛤蜊及薑絲。

04

加入鮮味炒手。

05

加入 500ml 的水。

06

約煮 3 分鐘，將高麗菜燙熟，
見蛤蜊開口即可。

07

盛盤後，撒上蔥花即可食用。

 小 撇 步

蛤蜊買回後需泡鹽水，吐砂後，即可使用。

◆ 香菇四季豆

香菇絲 .................................................................... 50g
四季豆片 ................................................................ 20g
油 ........................................................................ 1 茶匙

調味料
鮮味炒手 ............................................................. ½ 茶匙


◆ 娃娃菜花枝丸

花枝丸丁 ................................................................ 50g
娃娃菜 .................................................................... 20g
油 ........................................................................ 1 茶匙

調味料
香菇湯塊 ............................................................. ⅓ 塊


◆ 豆干竹筍

竹筍片 .................................................................... 50g
豆干丁 .................................................................... 20g
油 ........................................................................ 1 茶匙

調味料
鮮味炒手 ............................................................. ½ 茶匙


◆ 豆皮蘿蔔

白蘿蔔塊 ................................................................ 30g
豆皮絲 .................................................................... 20g
油 ........................................................................ 1 茶匙

調味料
鮮味炒手 ............................................................. ½ 茶匙

# recipe 04

# 蝦米鹹蛋芹菜

– 配菜 –

## 食材 INGREDIENT

① 蝦米 ⋯⋯⋯⋯⋯⋯ 10g
② 芹菜 ⋯⋯⋯⋯⋯⋯ 40g
③ 鹹蛋 ⋯⋯⋯⋯⋯⋯ 1 顆
④ 油 ⋯⋯⋯⋯⋯⋯ 1 茶匙
⑤ 海苔 ⋯⋯⋯⋯⋯⋯ ½ 茶匙

## 食材處理 PROCESS

① **蝦米**：蝦米洗淨後，泡水，泡軟後即可使用。也可以蝦皮代替。

② **芹菜**：洗淨後，將莖的部分切成長段使用。

③ **鹹蛋**：以鹹蛋代替鹽調味，無需再加調味料，鹹蛋常與芹菜搭配。（鹹蛋刀工及處理請見 41 頁。）

④ **油**：食用油或橄欖油皆可。

⑤ **海苔**：菜呈盤後，可撒上海苔，增添香氣及口感。

## 水 WATER

水量／內鍋 500ml，外鍋 600ml

## 作法 METHOD

**01**
外鍋加入 600ml 的水，內鍋加入 500ml 的水，打開電鍋開關，將內鍋的水煮滾。

**02**
在內鍋中加入芹菜。

**03**
將芹菜置於滾水中。

以濾網盛蝦米，放入內鍋中。

將蝦米置於滾水中。

蓋上鍋蓋，約煮 2 分鐘。

打開鍋蓋，將蝦米撈起。

將芹菜撈起。

以鐵夾將內鍋夾起。

將內鍋的水倒至另一鍋中。

將內鍋放回電鍋中。

在內鍋中在內鍋加入油。

加入燙熟的芹菜。

加入燙熟的蝦米。

以木筷拌炒 30 秒。

加入切好的鹹蛋。

以木筷拌炒鹹蛋。

盛盤後,撒上海苔即可食用。

鹹蛋可加於炒青菜中,其鹹味可代替調味料,也常與苦瓜搭配,鹹蛋黃也可增加菜的色澤。

# 豆苗花枝丸

－配菜－

## 食材 INGREDIENT

① 豆苗 — 40g
② 花枝丸片 — 20g
③ 香菇片 — 15g
④ 香鬆 — ½ 茶匙
⑤ 油 — 1 茶匙

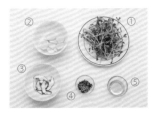

## 食材處理 PROCESS

① 豆苗：豆苗即豌豆苗，是豌豆的嫩莖部，去除根部，洗淨後，即可使用。

② 花枝丸片：花枝丸可切成薄片，可縮短烹煮的時間，也可以貢丸或魚丸代替。

③ 香菇片：香菇洗淨後，可切絲、切片或切成小丁。（香菇片刀工及處理請見 39 頁。）

④ 香鬆：盛盤後，撒上香鬆，增添不同風味。

⑤ 油：可使用食用油或橄欖油。

## 水 WATER

水量／內鍋 500ml，外鍋 600ml

## 作法 METHOD

01

外鍋加入 600ml 的水，內鍋加入 500ml 的水，打開電鍋開關。

02

在內鍋中加入香菇片及花枝丸片，以滾水燙熟。

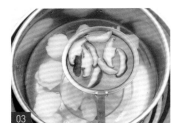

03

以濾網將香菇片撈起。

04 以濾網將花枝丸片撈起。

05 將花枝丸片及香菇片置於盤中備用。

06 在滾水中在內鍋加入油。

07 在滾水中，加入豆苗，約煮30秒。

08 用濾網將燙熟的豆苗撈起。

09 以鐵夾將內鍋夾起。

10 將內鍋的水倒至另一鍋中。

11 將內鍋放回電鍋中。

12 在內鍋中在內鍋加入油。

加入燙熟的香菇片。

加入燙熟的花枝丸片。

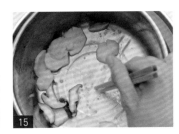

以木筷拌炒 30 秒。

加入燙熟的豆苗。

以木筷拌炒豆苗。

盛盤後，撒上香鬆即可食用。

 小 撇 步

豆苗也可以苜蓿芽代替，兩者都是非常適合年長者及小孩食用。

# 綠花菜杏鮑菇

－配菜－

## 食材 INGREDIENT

① 綠花菜             50g

② 杏鮑菇丁          30g

③ 海苔片             10g

④ 油                 1 茶匙

◆ 調味料

  ⑤ 鮮味炒手     ½ 茶匙

## 食材處理 PROCESS

① 綠花菜：綠花菜洗淨，將莖部切下，在將莖部切成薄片，可縮短烹煮的時間。（綠花菜刀工及處理請見 42 頁。）

② 杏鮑菇丁：杏鮑菇洗淨後，切成丁或薄片，可縮短烹煮的時間。也可以其他菇類代替，如鴻喜菇或金針菇。

③ 海苔片：可將海苔片折成小片，如圖 4。

④ 油：可使用食用油或橄欖油。

⑤ 鮮味炒手：可以鮮味炒手代替鹽，增添菜的風味。

## 水 WATER

水量／內鍋 500ml，外鍋 600ml

## 作法 METHOD

01 外鍋加入 600ml 的水，內鍋加入 500ml 的水，打開電鍋開關。

02 在內鍋中加入綠花菜及杏鮑菇丁，以滾水燙熟。

03 以濾網將綠花菜撈起。

04 以濾網將杏鮑菇丁撈起。

05 將綠花菜及杏鮑菇丁撈起置於盤中備用。

06 以鐵夾將內鍋夾起。

07 將內鍋的水倒至另一鍋中。

08 將內鍋放回電鍋中。

09 在內鍋中在內鍋加入油。

10 加入燙熟的綠花菜及杏鮑菇。

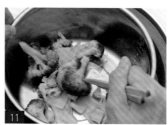

11 以木筷拌炒 30 秒。

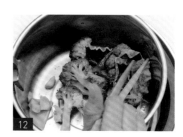

12 加入海苔。

13 以木筷拌炒海苔,至海苔變軟即可。

14 盛盤後,即可食用。

小撇步

綠花菜可以白花菜代替,變換不同口感。

◆ 香菇豆干

| | |
|---|---|
| 香菇絲 | 30g |
| 豆干丁 | 30g |
| 油 | 1 茶匙 |

調味料
| | |
|---|---|
| 鮮味炒手 | ½ 茶匙 |

◆ 小魚乾地瓜葉

| | |
|---|---|
| 小魚乾 | 20g |
| 地瓜葉 | 30g |
| 油 | 1 茶匙 |

調味料
| | |
|---|---|
| 香菇湯塊 | ⅓塊 |

◆ 芹菜馬鈴薯

| | |
|---|---|
| 芹菜 | 30g |
| 馬鈴薯丁 | 30g |
| 油 | 1 茶匙 |

調味料
| | |
|---|---|
| 鮮味炒手 | ½ 茶匙 |

◆ 香菇玉米筍

| | |
|---|---|
| 玉米筍 | 30g |
| 香菇絲 | 20g |
| 油 | 1 茶匙 |

調味料
| | |
|---|---|
| 鹽 | ½ 茶匙 |

# 蟹肉棒豆腐蒸蛋

– 配菜 –

## 食材 INGREDIENT

① 豆腐　　　　　　　20g
② 蟹肉棒　　　　　　20g
③ 芹菜末　　　　½ 茶匙
④ 油　　　　　　1 茶匙
⑤ 蛋　　　　　　1 顆
⑥ 水　　　　　　450ml

◆ 調味料
　⑦ 鹽　　　　　½ 茶匙

## 食材處理 PROCESS

① **豆腐**：沖水後，可切成小塊。豆製品為植物性蛋白質，可增加飽足感。

② **蟹肉棒**：沖水洗淨後，可切成小塊或用手撕開，呈絲狀，如圖 2，可縮短烹煮時間。

③ **芹菜末**：撒在蒸蛋上，可增添色澤及香氣。（芹菜末刀工及處理請見 36 頁。）

④ **油**：可使用食用油或橄欖油。

⑤ **蛋**：好的蛋其蛋殼含鈣高，蛋殼較厚，較不易破。

⑥ **水**：多的多少影響蒸蛋的軟硬，若想要口感扎實、硬一些，則水可以加少一些，若想要口感軟嫩、滑潤，則水可加多一些。

⑦ **鹽**：調味用，可自行斟酌鹹淡。

## 水 WATER

水量／外鍋 500ml

## 作法 METHOD

**01** 以蛋輕敲碗緣。

**02** 將蛋敲裂。

**03** 以手自裂縫將蛋殼剝開。

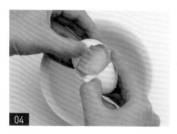

讓蛋流進碗中。

將水倒入裝蛋的碗中。

以筷子將蛋打散。

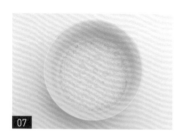

讓蛋與水混和。

取一濾網與一空碗準備篩蛋。

將蛋倒進濾網中,濾除氣泡及過大的顆粒。

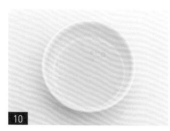

蛋以濾網過濾後,蒸熟的蛋會比較細緻綿密。

將蟹肉棒加入碗中。

將豆腐加入碗中。

將鹽加入碗中。

將油加入碗中。

以筷子攪拌均勻。

將芹菜末加入碗中。

在外鍋中放上蒸架。

加入 500ml 的水。

將裝有蛋的碗放在蒸架上。

蒸熟後,即可食用。

小撇步

蒸蛋若水分較少,蒸熟後,口感會較扎實,較硬。

# 漂泊族的簡易電鍋食譜
## 160 道暖心、暖胃的
# 粥品
[ congee ]

書　　名　漂泊族的簡易電鍋食譜
　　　　　－160 道暖心、暖胃的粥品

作　　者　檬檬、咚咚

發 行 人　程安琪

總 企 劃　程顯灝

總 編 輯　盧美娜

編　　輯　譽緻國際美學企業社・湯曉晶

美　　編　譽緻國際美學企業社・羅光宇

攝　　影　吳曜宇

藝文空間　三友藝文複合空間

地　　址　106 台北市大安區安和路 2 段 213 號 9 樓

電　　話　(02) 2377-1163

發 行 部　侯莉莉

出 版 者　橘子文化事業有限公司

總 代 理　三友圖書有限公司

地　　址　106 台北市安和路 2 段 213 號 4 樓

電　　話　(02) 2377-4155

傳　　真　(02) 2377-4355

E - m a i l　service@sanyau.com.tw

郵政劃撥　05844889 三友圖書有限公司

總 經 銷　大和書報圖書股份有限公司

地　　址　新北市新莊區五工五路 2 號

電　　話　(02) 8990-2588

傳　　真　(02) 2299-7900

初　　版　2018 年 12 月

定　　價　新臺幣 380 元

I S B N　978-986-364-134-6（平裝）

◎ 版權所有・翻印必究

國家圖書館出版品預行編目 (CIP) 資料

漂泊族的簡易電鍋食譜－160 道暖心、
暖胃的粥品 / 檬檬 , 咚咚作 . -- 初版 . --
臺北市 : 橘子文化 , 2018.12
　　面；　公分
　　ISBN 978-986-364-134-6( 平裝 )

1. 飯粥 2. 食譜

427.35　　　　　　　　　107020309

http://www.ju-zi.com.tw

三友官網　　三友 Line@